디지털 기술과 융합하여 미래를 책임질

지속 가능한 농업

최규홍 저

(주)백산출판사

들어가며

인류 발전과정을 보면, 농업의 발전이 인구 증가를 가져왔고, 인구 증가는 또다시 농업발전을 촉진하는 일이 반복돼 왔다. 그 과정에서 새로운 발상과 혁신적인 기술이 개발되고, 수많은 시행착오를 거치면서 농업은 성장을 거듭해 왔다. 20세기에 이르러서는 적은 수의 농업인들이 더 낮은 비용으로 더 많은 식량을 생산하게 되었다. 그런데도 빈곤과 기아로 고통받는 인구가 늘어나는 문제가 여전히 남아 있다.

농업이 인류에게 풍족한 먹을거리를 공급해 주었다는 성과는 절대 폄하할 수 없을 것이다. 그러나 오늘날 농업에 대한 인식은 그동안의 성과의 가치를 제대로 따라가지 못하는 것 같다. 그도 그럴 것이 농업 인구가 계속 감소하고, 농업이 국민경제에서 차지하는 비중도 크게 낮아졌다. 산업으로서 매력이 떨어진 지도 오래됐기 때문일 것이다. 그러나 최근 선진국을 중심으로 농업의 가치를 재발견하는 작업에 적극적으로 나서고 있다.

농업은 인류에게 최초 산업이자 대체 불가능한 필수 산업이다. 지금도 계속 늘어나는 세계인구를 생각해 볼 때, 인류가 키워나가야 할 가장 중요한 산업임에는 틀림이 없다. 농업을 더는 단순한 1차 산업으로 봐서는 안 될 이유다. 이제는 디지털 기술과 융합하여 미래를 책임질 산업으로 성장하고 있으니 더욱 그렇다.

필자는 지난 5년간 전주대학교 학부생을 대상으로 한 교양과목 '지속 가능한 농업'의 강의 내용을 정리하고, 일부 보강하여 책을 발간하게 되었다. 강의하는 동안 학생들의 반응과 관심을 고려하여 강의주제와 내용을 조정하였다. 그러면서도 강조하고자 했던 것은, 첫째로 농업 발전 과정에서 성공과 실패를 통해 교훈을 얻고, 농업이 현대 사회에 미치는 영향과 농업의 새로운 가치를 조명하고자 했다. 둘째로 지속 가능한 발전 측면에서 지구온난화와 기후변화, 물 부족, 토양 오염과 같은 전 지구적인 문제를 해결하는 과정에서 농업의 역할을 전달하는 데 역점을 두었다. 여기서 우리가 간과하면 안 되는 것은, '인간의 어떤 첨단기술로도 흙과 씨앗, 물과 기후를 기본으로 하는 농업의 한계를 떨칠 수는 없다.'라는 점이다.

이 책에서는 '지속 가능한 농업', '농업발전에 이바지한 기술들', '디지털 시대와 스마트 농업', '기후변화와 우리 농업', '블루골드, 물 이야기', '생명의 근원, 흙' 등 6개 주제를 다뤘다. 필자의 전공을 벗어나는 분야는 이들 주제와 관련한 여러 교재와 보고서, 기고 등을 참고하여 정리한 것이기에 엄밀한 의미에서 편저이다. 특별히 농촌진흥청에서 농업기술의 가치를 국민에게 알리기 위해 발간한 농업농촌종합정보 '인테러뱅'이 크게 도움이 되었음을 밝힌다.

1장 '지속 가능한 농업'에서는 농업의 정의, 기원 및 영역, 농업발전의 명암과 보존농업, 농업의 식량안보 기능, 농업의 다원적 기능, 그리고 지속 가능한 농업의 필요성과 중요성을 서술하였다.

2장 '농업발전에 이바지한 기술들'에서는 중세 이후 시작되어 유럽 농업을 한 단계 도약시킨 윤작법, 18세기 중반 영국의 산업혁명을 촉발했던 증기기관의 농업에의 도입, 20세기 전후 단기간에 집중적으로 개발 보급되어 성과를 냈던 트랙터, 질소비료, 다수성 반왜성 품종들의 발전 과정과 그 파급효과에 관해 설명하였다.

3장 '디지털 시대와 스마트 농업'에서는 농업과 4차 산업혁명 핵심기술이 융합된 '스마트 농업'에 대해 기술하고, 디지털 핵심기술인 사물인터넷(IoT), 빅데이터, 인공지능(AI)과 디지털 응용기술인 농업 로봇, 정밀농업, 농업 드론, 식물공장의 정의, 기술 현황, 국내외 적용사례와 파급효과를 기술하였다.

4장 '기후변화와 우리 농업'에서는 최근 핵심 이슈인 기후변화에 대한 이해를 높이도록 현황, 문제점에서 대책까지 다뤘다. 기후변화 정의와 원인, 지구온난화, 온실효과와 온실가스, 기후변화가 미치는 영향, 탄소중립 및 기후변화에 대응한 국제사회의 노력, 그리고 기후변화가 농업에 미치는 영향과 피해 감소를 위한 대응 방안을 설명하였다.

5장 '블루골드, 물 이야기'에서는 물 부족 현황과 원인, 물의 중요성, 물 순환, 농업을 지탱하는 농업용수, 중국과 미국 치수 사업 사례, 그리고 빗물, 하천 처리수, 강변 여과수, 해수 담수화 등 물 확보(Blue gold) 방안과 첨단 물관리 및 이스라엘의 성공 사례를 소개하였다.

6장 '생명의 근원, 흙'에서는 농업 기반이 되는 흙의 정의와 기능, 흙이 인간에게 제공한 다양한 가치, 그리고 흙의 생성과 성숙 과정, 토양 오염, 생명력을 잃어가는 토양과 토양을 건강하게 유지하는 방안 등을 설명하였다.

대학에서 한 학기 강의에 맞게 작성하는 동시에 농업을 이해하는 데 도움이 되도록 좀 더 자세한 설명과 사례를 추가하였다. 따라서 농업을 전공하지 않은 대학생이나 농업에 관심이 많은 일반인에게도 도움이 될 것이다. 책 내용 중에 일부 오류가 있거나 다른 견해가 있을 수 있다고 생각한다. 지적해 주면 다음 기회에 수정 · 보완해 나갈 계획이다. 독자 여러분께 유용하게 활용되는 책이 되길 바란다.

원고 검토에 수고해 준 전 한국토양비료학회장 이덕배 박사(기후변화, 흙), 농촌진흥청 디지털농업추진단 성제훈 박사(스마트 농업), 국립농업과학원 농업공학부 김국환 박사(스마트 농업)와 김민영 박사(물), 정동규(교정), 나민아(일러스트)에게 진심으로 감사드립니다. 그리고 늘 곁에서 믿고 격려해 준 가족, 나연희, 수연, 익준에게도 고마움을 전한다.

저자 최 규 홍

차례

AGRICULTURE

지속 가능한 농업

PART 01

A G R I C U L T U R E

PART 1

지속 가능한 농업

인류가 정착하여 농사를 지으면서 수렵·채취 시대에 비해 훨씬 많은 식량을 얻었다. 삶의 방식도 크게 변했다. 농업이 진보하면서 식량 생산이 늘었고, 인구가 증가하고, 마을과 국가가 형성되고, 기록을 남기는 등 점차 높은 수준으로 발전하여 문화와 문명을 낳았다.

농사는 약 1만 년 전에 시작됐지만, 농업기술의 발전은 매우 느리게 진행되었다. 그 발전과정을 보면, 첫 번째 획기적인 발전은 18세기 증기기관 발명과 이의 농업적 활용이 본격화된 산업혁명에 기인한다. 두 번째는 20세기에 들어 질소비료, 트랙터, 다수확 곡물 품종과 같은 농업 핵심 기술들이 짧은 기간에 동시에 개발·보급되어 큰 성과를 냈던 기술집약 농업, 즉 녹색혁명에서 비롯되었다. 녹색혁명 덕분에 밀·쌀·옥수수 생산량이 획기적으로 증가했고, 세계인구 급증에 따른 식량 수요 증가와 기아 문제 해결에 크게 이바지했다. 그러나 영양을 공평하게 공급하지 못하는 식량 시스템이 형성되고, 화학비료와 살충제, 화석에너지의 사용량 증가로 인해 지구의 환경 오염과 기후변화라는 부작용을 초래하였다.

1970년대부터 이 같은 모순을 깨닫기 시작하였고, 그 문제 해결을 위한 혁신적인 대안이 '지속 가능한 농업'이다. 지속 가능한 농업은 사람이나 자연 생태계에 손상을 주지 않으면서 작물이나 가축을 생산하는 환경친화적 농업이고, 동시에 토양 · 물 · 생물다양성 · 농장 또는 인근 지역에서 일하는 사람들에게 악영향이나 피해를 주지 않는 농업이다.

농업은 식량 공급이라는 중요한 역할을 해왔다. 그러나 산업으로써 농업이 쇠퇴하고, 농산물시장 개방 이후 전통적인 농업의 역할과 중요성이 감소하였다. 최근 먹을거리 생산 이외의 농업이 갖는 다양한 기능에 주목하고 있다. 단순한 농업생산을 넘어 농촌지역을 일과 삶의 공간으로의 새로운 가치와 사회를 위한 농업의 역할, 이를테면 농업의 다원적 기능에 관심이 높아지고 있다.

이 장에서는 농업의 정의, 기원과 영역, 농업발전 과정에서 나타난 긍정적인 측면, 부정적 측면과 그 대안인 보존농업, 농업의 가장 기본 기능인 식량안보 기능, 농업의 다원적 기능, 그리고 지속 가능한 개발과 지속 가능한 농업을 소개한다.

1. 농업의 정의, 기원 및 영역

농업의 사전적 정의는 땅을 이용하여 인간 생활에 필요한 식물을 가꾸거나 유용한 동물을 기르는 산업을 말한다. 구체적으로, 농업은 생산력이 높고 재배와 사육에 적합한 식물(작물 또는 농작물로 불림)과 동물(가축)을 선택해서, 그것들이 자라기 쉽고 생산성을 높일 수 있는 조건을 제공하여 인간의 식량과 생활물자를 만들어낸다.

농업은 영어로 agriculture이고, 라틴어 agri-cultura에서 유래되었고, agri인 '토지'와 cultura인 '갈다'의 합성어이다. 여기서 culture는 '갈다', '경작'을 뜻하는 동시에 '문화'라는 의미도 있다. 인간이 토지(땅)를 갈아서 농사를 짓는 것에 의하여 문화를 낳는다는 의미에서, '농업은 곧 문화'라는 말이 나오게 된 것이다. 결론적으로 '토지를 경작한다'라는 것은 농업의 기본이며, 문화의 첫발을 의미한다고 할 수 있다.[1)]

선사시대에 인류는 자연에서 자라는 식물을 채집하거나 동물을 수렵하여 먹을거리를 해결해 왔다. 인류가 정착하여 식량을 의도적으로 재배하는 농사를 시작한 것은 약 1만~1만 2천 년 전 간빙기인 홀로세[2)]로 알려져 있다. 빙하기가 끝나고 기후 변동성이 작은 시기였고, 구석기에서 신석기로 전환되는 시점이다. 인류 문명은 해수면 상승이 멈춘 약 7천 년 전 메소포타미아에서 처음 등장했고, 그 이후 이집트의 나일강, 인도의 인더스강, 중국의 황허강 유역으로 이어졌

---

1) 류수노 · 권순욱, 2016, 농학원론, 한국방송통신대학교출판문화원, p.15.

2) 홀로세(Holocene)는 빙하기가 끝나는 약 1만 년 전부터 현재까지의 지질시대를 말하고, 인류가 자연과 조화로운 '완전한 시대'라는 뜻이고, 기후변동이 매우 작은 안정된 시기임. 충적세로 불리기도 함.

다. 이들 4대 고대문명은 큰 강 하구의 비옥한 퇴적층에서 관개농업을 하고, 강물을 통해 수로 교통이 발달한 곳에서 탄생했다는 공통점이 있다. 결국 문명 발생의 관건은 지역에 정착한 많은 사람을 먹여 살릴 정도로 식량을 생산할 능력이 있느냐에 달려 있다.

농사는 각기 다른 시간과 장소에서 개별적으로 나타났다. 기원전 8500년경에 근동[3]의 '비옥한 초승달 지역'에서 밀과 보리가 재배됐고, 기원전 7500년경 중국에서 쌀과 기장이, 그리고 기원전 3500년경에 중앙 및 남아메리카에서 옥수수가 재배되었다. 오늘날에도 밀과 쌀과 옥수수는 인류가 소비하는 열량의 상당 부분을 제공한다. 한편 동물들은 야생에서 생존능력이 점차 감퇴하여 유순해졌고, 기원전 8000년경 근동에서 양과 염소에 이어 소와 돼지가 길들여졌다. 돼지는 비슷한 시기에 중국에서, 그리고 닭은 기원전 6000년경 동남아시아에서 길들여졌다.[4] [그림 1]은 농업이 시작된 장소와 시기를 나타낸 것이다. 이 자료는 논란이 많으며, 계속해서 지도를 새로 그려야 하는데, 이는 가장 최근의 고고학적 발견을 반영하기 위해서이다.

온갖 기술이 발달한 오늘날에도 인류를 먹여 살리는 열량의 90퍼센트 이상이 밀, 쌀, 옥수수, 감자, 보리처럼 우리 선조들이 기원전 9500년에서 3500년 사이에 작물화했던 한 줌의 식물들에서 온다. 지난 2천 년 동안 주목할 만한 식물을 작물화하거나 동물을 가축화한 사례가 없었다. 중동, 중국, 중미에서 일어난 농업혁명이 호주, 알래

3) 북동 아프리카, 서남아시아, 발칸 반도를 포함하는 지중해 동쪽 연안 지역으로, 중동(Middle East)과 혼용하여 사용되기도 함.

4) 톰 스탠디지, 2012, 식량의 세계사 : 1장 농사를 발명하다, 웅진지식하우스, pp.17-30.

스카, 남아프리카에서 일어나지 않았던 이유는, 대부분의 식물과 동물종은 작물화나 가축화에 맞지 않기 때문이다. 우리 조상들이 잡거나 채취했던 수천 종의 동물과 식물 중에 농업과 목축업에 맞는 후보는 얼마 되지 않았다. 이들 종은 특정 장소에 살았고, 그 장소들이 바로 농업혁명이 일어난 지역이다.[5)]

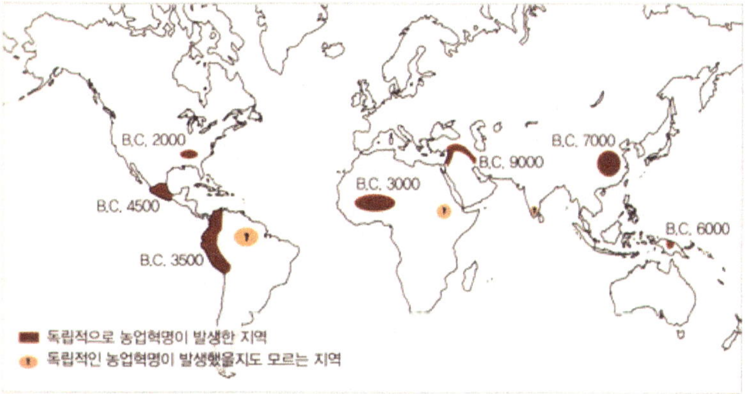

[그림 1] 농업혁명이 일어난 장소와 시기[6)]

홀로세의 인류는 계절에 적응하여 작물을 경작하기 시작하면서, 한곳에 정착하였다. 더 많은 식량을 생산하는 것이 가능해졌고, 더 많은 사람을 부양하게 되었다. 채집인에서 농부로의 변화는 생활방식에도 큰 변화를 가져왔다. 수확한 곡물은 다음 수확 때까지 먹기 위해 저장했고, 곡물이 떨어지면 가축의 고기로 보충했다. 씨앗을 심은 땅에 다른 사람이 침입하는 것을 막기 위해 사회조직이 필요했고,

5) 유발 하라리, 2020, 사피엔스 : 제2부 농업혁명, 김영사, pp.120-129.
6) Ibid., p.123.

땅을 측정하기 위한 측량 기술과 수학이 발달했고, 땅의 권리를 문서로 남기기 위해 문자가 발명되고 소위 '문명'이 탄생했고, 땅을 지키려고 군대를 조직했다. 한편 사람들이 가축을 가까이하면서 결핵, 유행성 감기, 천연두 같은 질병의 시대가 열렸다. 모여서 사는 사람들은 소, 돼지, 개 등 가축으로부터 전파되는 병원균의 표적이 되었다. 하지만 농업이 정착 생활을, 궁극적으로는 문명을 오래 번성할 수 있도록 만들었다는 데는 이견이 없다.

인류 문명사회는 [그림 2]에서 보는 바와 같이 원시 수렵 · 채취사회로부터 농업사회를 거쳐 산업사회로 발전했다. 농업사회는 생산자와 그 가족이 필요로 하는 식량과 물자를 생산하는 자급자족형 사회였고, 가족 중심의 소농이 주축을 이룬 사회였다. 공동체가 필요로 하는 것 이상으로 많은 양이 생산되자 농부는 상인이 되었다. 건조, 절임 등 저장 · 보존 기술의 발전으로 식량을 더 먼 곳까지 보낼 수 있게 되었다. 오랜 농업사회의 역사에 비추어볼 때, 농업기술의 진보는 매우 느리게 진행됐다. 농업사회는 곧바로 산업사회로 이행된 것이 아니라 농업사회의 일부로 존재했던 하위의 상업사회가 산업혁명을 거쳐 산업사회로 발전했다고 할 수 있다.7)

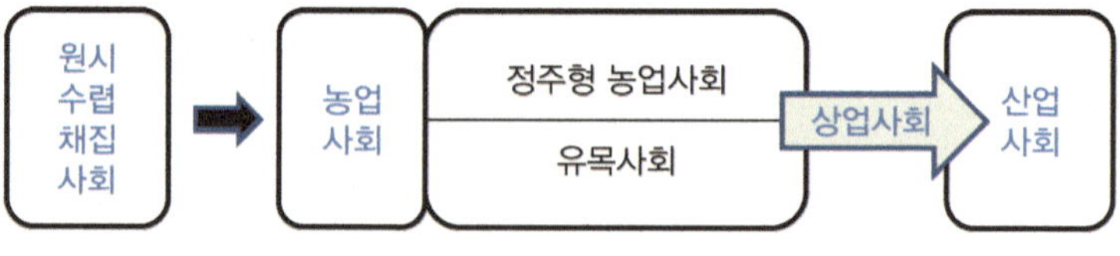

[그림 2] 경제 사회의 발전 계통도

7) 김태유 · 김대유, 2019, 패권의 비밀, 서울대학교 출판원, pp.30-31.

농업이 시작된 이래 최근까지, 사람들은 농업을 기본 식량을 생산하는 산업으로 인식하고 있다. 그러나 현대의 농업은 직접적인 농업(농경) 외에 농자재(비료 · 종자 · 농약 · 농기계)의 공급산업, 농산물의 가공 · 유통산업까지 포함되는 등 그 영역이 확대되었다. 더욱이 사회가 다원화되고, 과학기술이 빠르게 발전하고, 다양한 기술이 융 · 복합됨에 따라 각 산업과 학문의 경계를 뛰어넘어, 그 영역도 모호해지고 있다. 농업의 기능적 측면을 고려할 때, 오늘날 농업은 식량안보 중심에서 환경보전, 식품 안전, 농촌 경관 및 문화적 전통의 유지, 농촌활력화 등 다원적 기능으로 확대되고 있다.

2. 농업발전의 명암과 보존농업

농부들은 오랜 기간을 거치면서 농사법을 개량하고, 농작물의 생산능력을 끌어 올려 야생 상태에서보다 훨씬 더 많은 식량을 생산하였다. 오늘날 농사는 자연스러운 일인 것처럼 생각하지만, 1만 년 전만 해도 아주 새롭고 낯선 기술이었다. 인류가 식량 생산을 채집에서 농사로, 또 자연에 순응한 방식에서 새로운 기술을 투입한 적극적인 방식으로 변화시킨 것은 최근의 일이다. 농사 기술의 발전은 식량 생산량을 획기적으로 늘렸고, 이는 오늘날 세계인구를 80억 명으로 증가시키는 한 원동력이 되었다.

약 1만 년 전에 시작된 정주형 생활과 작물화 · 가축화는 첫 번째 세계 인구증가의 계기가 되었다. 그러나 그 이후 1만여 년의 긴 세월 동안 농업은 답보 상태를 면치 못하였다. 두 번째 인구급증은 증기기관 발명이 가져온 18세기 영국의 산업혁명에서 기인하였다. 산업혁명 이후 소와 말보다 더 큰 힘을 내는 기계 동력을 사용함으로써 경지면적이 확대되고, 식량 생산도 크게 늘었다. 남은 식량은 도시에 판매함으로써 그동안의 자급자족 농업이 상업농으로 대체되었다. 세 번째 인구급증은 20세기 녹색혁명[8]이 결정적인 역할을 했다. 곡물의 품종개량, 비료와 살충제 개발, 트랙터와 콤바인 같은 농기계 개발 등 신기술을 집중적으로 투입하여 수확량을 높이는 농업,

8) 녹색혁명은 전통적 농법과 달리 품종개량, 화학비료, 살충제와 제초제 등 과학기술을 농업에 적극적으로 적용함으로써 식량 생산량의 획기적인 증가를 가져온 변화를 의미하고, 미국 국제개발청(USAID) 총재 가우드(William S. Gaud)가 녹색혁명(green revolution)이라는 이름을 붙였음.

이를테면 집약 농업이 세계의 곡물 생산량을 크게 늘렸다. 이처럼 농업기술은 단순해 보이지만 탁월한 아이디어이자 그 파급력은 매우 크다.

세계인구는 1804년 10억 명을 돌파한 이후, 1927년 20억 명, 1959년 30억 명, 1974년 40억 명, 1987년 50억 명, 1998년 60억 명, 2015년 70억 명으로 증가하였다. 특히 1927년 이후 88년간 세계인구는 50억 명이나 빠르게 늘었다. 다시 말해 세계인구 증가는 세계의 곡물 생산량과 밀접한 관계가 있다고 할 수 있다[그림 3].(자세한 설명은 Part 2의 "4. 품종개량과 녹색혁명" 참고) 농업이 발전하면 식량 생산이 늘었고, 식량이 충분히 공급되면 인구가 늘었고, 인구가 증가하면 더 많은 식량 확보를 위해 또다시 농업을 발전시켰다. 인류사회는 이런 과정을 반복해 오고 있다. 특히 20세기 이후 농업발전은 과학기술의 발전이 뒷받침해 왔다고 할 수 있다. [그림 4]는 농업의 발전단계와 그 발전과정에서 기여했던 주요 기술을 요약한 것이다.[9)]

한편 식량 생산량의 획기적인 증대는 지구환경에 심각한 폐해를 초래하였다. 전 세계 토지의 3분의 1 이상이 곡물 경작지, 목초지와 방목지로 개발되면서 생태계에 부정적 영향을 미쳤다. 농경지는 지금도 여전히 늘어나고 있다. 매년 새로운 경지를 개간하기 위해 바다를 메워서 간척지로 만들고, 아마존 같은 열대우림 지역의 나무가 잘려 나가거나 불살라진 후 새로운 농경지가 조성되었다. 현대의 집약

9) 최규홍 · 김성민 · 김대철, 2018, 농작업 기계학, 전북대학교출판원, pp.18-19.

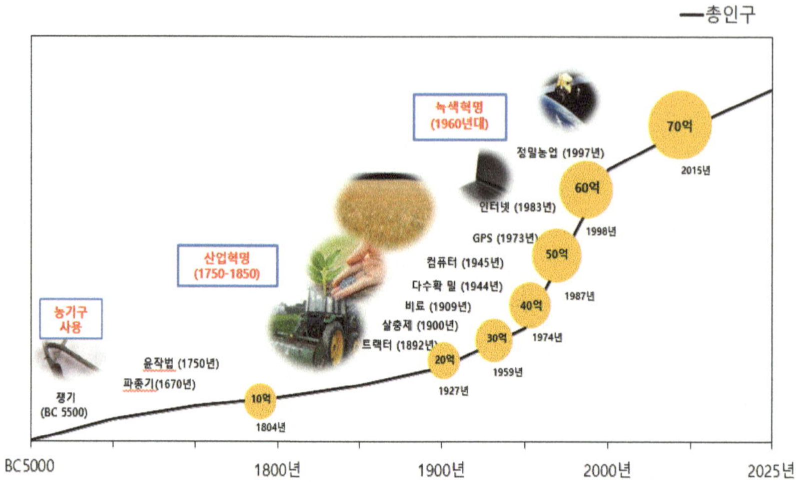

[그림 3] 농업기술의 발전과 세계인구

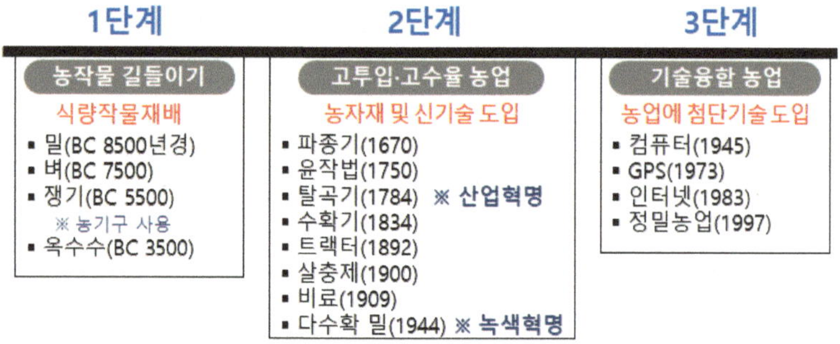

[그림 4] 농업의 발전 추이

농업은 농약과 비료 투입량 증가로 땅과 강과 바다를 오염시켰고, 농기계 사용과 화석연료의 대량 이용으로 대기의 탄소 농도를 높이는 등 환경에 여러모로 피해를 주고 있다[10].

10) 존 판던 지음, 강미경 옮김, 2012, 오! 이것이 아이디어다, 웅진지식하우스, pp.250-251.

그동안의 농업은 '생산성 증대'라는 목표하에 몇몇 주요 작물을 집중적으로 재배하고, 농작업을 기계화하고, 화학비료와 살충제 투입을 늘렸고, 생명공학 기술 도입을 확대해 왔다. 그 결과로 기상이변이나 병해충에 취약하고, 토양의 침식과 황폐화를 가져와 장기적으로 오히려 생산성 저하를 초래하는 우려가 커지고 있다. 그 대안으로 주목받고 있는 것이 '보존농업(Conservation Agriculture)'이다. 유엔식량농업기구(Food and Agriculture Organization : FAO)는 보존농업을 위한 3가지 기본원칙으로 1) 지속적인 무경운, 2) 작물 잔유물 보존, 3) 생물다양성 유지를 제시하였다[그림 5].

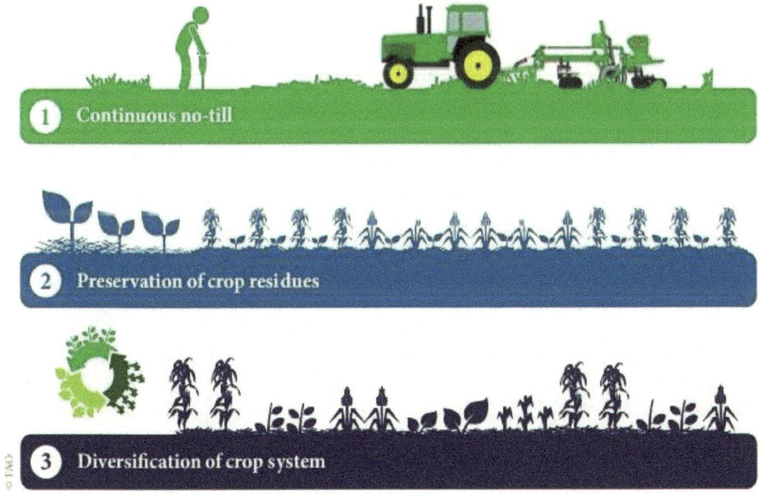

[그림 5] 보존농업 3가지 기본원칙 @FAO〈Conservation Agriculture〉11)

11) FAO 홈페이지 〈Benefit of CA〉, 〈Principle of CA〉, 〈Save and Grow〉, 〈Conservation Agriculture〉

첫째, '지속적인 무경운'은 경운 기계의 사용을 최소화한다는 의미이다. 트랙터, 콤바인 같은 무거운 농기계의 농경지 출입 횟수를 제한하여 농경지가 단단해지는 것을 줄여 토양을 보존하는 농업이다. 이를테면 농기계를 이용한 경운과 토양 교란을 최소화하면, 지표면의 잔류물 보존과 토양 응집을 유지하여 토양 침식을 감소시키고, 물 보유 능력과 침투율을 증가시킨다. 최근 논이나 밭 전면을 경운하지 않고 직접 파종(직파(直播)로 불림)하거나 씨앗이 들어갈 부분만을 경운한 후 파종하는 방식을 확대하고 있다. 이 방식은 토양 보존뿐만 아니라 노동력이 줄어들고, 작업시간이 절약되고, 농기계 가동시간이 단축되어 연료가 절약될 뿐 아니라 대기에 배출하는 이산화탄소를 줄이는 효과가 있다.

둘째, '작물 잔유물 보존'은 농작물의 부산물, 볏짚, 잡초 등 유기체로 농경지 표면을 덮는 것이다. 유기체 덮개는 농경지의 잡초를 억제하고, 생물다양성을 증가시키고, 홍수 등 이상기상에 의한 토양유실을 방지해주고, 이 덮개는 스스로 분해되어 토양에 유기물질을 돌려줘 지력을 높여준다. 더욱이 콩과 덮개 작물은 상당한 양의 질소를 토양에 제공하는 효과가 있다.

셋째, '생물다양성 유지'는 3개 이상의 다양한 작물을 돌려짓기함으로써 특정 병해충에 의한 피해를 줄일 수 있다. 여러 종류의 작물과 품종을 재배함으로써 생물다양성을 유지하는 이점이 있다. 여기서 생물다양성이란 유전자가 다른 여러 종(種)이 모여서 다양한 형태의 생태계를 형성함으로써, 그 종과 생태계가 알맞은 기능을 담당하며 안정적으로 유지되는 것을 말한다. 생물다양성이 높으면, 먹이 그물이 복잡해져 몇몇 종이 사라져도 생태계 평형이 잘 유지된다. 유전자 다양성은 앞으로 일어날 수 있는 환경 변화에 적응할 가능성을 내재하고 있고, 종 다양성은 인간의 의식주에 필요한 각종 자원을 공급하는 역할을 한다.

3. 농업의 식량안보 기능

세계인구는 갈수록 늘어나는데 땅은 한정되어 있고, 지구온난화에 의한 토지의 사막화, 극심한 가뭄과 홍수와 같은 여러 가지 재난이 겹치면서 식량부족에 대한 우려가 고조되고 있다. 세계적으로 곡물 생산량이 감소하고 곡물 가격이 올라가면, 수출국들이 곡물 수출을 제한하기 때문에 돈이 있어도 식량을 살 수 없는 위기 상황이 언제든지 올 수 있다. 다시 말해 식량을 안정적으로 자급하지 못하고, 식량 주권을 외부에 의존하는 것은 극히 위험한 일이다.

우리나라 식량자급률[12)]은 2019년 기준 45퍼센트이고, 사료 곡물을 포함한 곡물자급률[13)]은 21퍼센트에 그치고 있어, 현재 세계 5위 곡물 수입국이다. 주곡인 쌀은 자급자족하고 있지만, 밀은 거의 전량을 수입하고, 옥수수와 콩의 자급률은 각각 3퍼센트, 25퍼센트에 불과하다. 식량자급률이 100퍼센트 이상인 국가들은 미국, 캐나다, 프랑스, 우크라이나, 러시아, 아르헨티나, 영국, 독일, 브라질, 폴란드, 체코 등으로 선진국이거나 광활한 농경지를 보유하고 있는 국가들이다.

최근 극심한 가뭄과 홍수 등 기상이변의 결과로 밀, 콩, 옥수수 등 세계 곡물 가격이 크게 오르면서, 각국의 물가상승 압박이 커지는

12) 식량자급률 : 전 국민이 한 해 동안 소비하는 식량(쌀, 보리, 밀, 콩, 옥수수, 조, 수수 등) 총량 가운데 국내에서 생산한 식량 총량이 차지하는 비율.

13) 곡물자급률 : 가축 사양에 필요한 사료용 곡물을 포함한 각종 곡물의 국내 소비량 중에서 국내 생산량이 차지하는 비율. 우리나라 곡물자급률이 식량자급률에 비해 낮은 것은 돼지, 닭, 소 등 가축용 수입 사료량이 많기 때문임.

'애그플레이션'의 불안이 가중되고 있다. 애그플레이션(agflation)은 영어로 농업(agriculture)과 물가상승(inflation)이 합성된 신조어로, 곡물 가격 상승이 식품 가격 전반을 상승시켜 결국 농산물 가격이 인플레이션을 유발하는 현상을 말한다.

FAO는 식량안보를 "자국민에게 안전하고 만족할 만한 품질의 식량을 필요한 때, 필요한 장소에서 입수할 수 있고, 이러한 상태를 장기적으로 보증할 수 있는 상태"라고 정의하였다. 다시 말해 식량안보를 위해서는 식량의 가용성(availability), 접근성(accessibility), 안정성(stability), 활용성(utilization)의 조건이 충족되어야 한다. 여기서 가용성은 국내 생산, 식량 비축, 수입 가능량 등을 포함하고, 접근성은 구매력과 지급 가능성, 식량 유통과 식량 판매장소, 도로 포장률 등에 영향을 받는다. 안정성은 기후변화와 이상기상의 영향, 가격 변동성, 저장성에 관련한 것이며, 그리고 활용성은 영양소의 활용, 소비 양식, 식량의 질, 위생, 건강, 질병 정도 등을 포함한 개념이다.

식량 위기는 세계인구 증가에 따른 식량 수요와 식량 공급 간의 불균형에 의한 식량부족과 이로 인한 식량 가격이 급등하는 현상이다. 최근의 곡물 수급 불균형과 곡물 가격 급등은 과거에 되풀이되어 온 주기적 · 일시적인 파동이라기보다는 구조적 · 장기적인 식량 위기로 보아야 한다. 식량 위기를 초래하는 요인으로는 1) 폭발하는 세계의 인구, 2) 중국 · 인도 등 개발도상국들의 소득증가와 1인당 식량 수요의 증가, 3) 지구 자체가 가진 부양 능력의 한계, 4) 농업용수의 부족, 5) 지구환경 훼손의 가속화, 6) 기술혁신의 불확실성 증가, 7) 이상기후의 빈발 등이다. 이 같은 요인들이 복합적으로 작용하여 식량부족과 식량 수급의 불균형을 유발한다.

더욱이 식량 생산은 가뭄·홍수 등 기상 여건에 크게 영향을 받고, 공산품과 달리 간단히 줄이거나 늘릴 수 없는 특성이 있다. 식량 공급의 긴급성은 석유와 같은 원자재와는 그 내재하는 의미가 다르다. 식량은 일상에서 삶의 에너지원으로 소비되기 때문에, 단 일주일만 공급이 끊어지면 국민 생활은 전면적으로 파괴될 수 있다. 따라서 주요 식량의 상당 부분을 자급할 수 있는 농업 체제를 갖추는 것이 식량안보의 핵심이다. 국민생존을 위해 먹을거리를 안정적으로 확보하는 '식량안보' 역시 국토방위와 경제안정 못지않게 중요한 과제이다.

4. 농업의 다원적 기능

지구는 식물에서 동물을 거쳐 토양, 암석, 공기, 그리고 다시 식물로 양분을 재순환하는 시스템을 갖춘 행성이다. 우리가 먹는 식품 종류는 쌀, 밀, 옥수수, 감자, 소고기, 돼지고기, 닭고기 등 그리 많지 않다. 과일과 채소의 종류 수도 지구상에 존재하는 전체 식물 가운데 극히 일부에 지나지 않는다. 이러한 곡물, 과일과 채소는 빨리 자라고, 대규모 경작이 가능하고, 수확이 수월한 종(種, species)이다. 그런데 우리는 그동안 소수의 동·식물 종만을 지속적으로 소비해 왔기 때문에 생명의 다양성이 얼마나 중요한지를 인식하지 못하고 있다.

우리가 먹지 않는 다른 종들도 사람이 살아가는 데 없어서는 안 되는 중요한 역할을 한다. 예를 들어 낙엽과 죽은 가지를 분해하는 균류나 박테리아가 없다면, 온갖 부산물과 쓰레기가 우리 주변에 쌓여갈 것이다. 꽃에서 꽃으로 날아다니며 꽃가루를 옮기는 벌이나 나비가 없다면, 사과나 호박이 열매를 맺지 못할 것이다. 이렇듯 다양한 생물종들의 역할은 일종의 보험과 같은 기능을 한다. 기후변화나 뜻밖의 자연재해로 인해 일부 종이 소멸하여도 다른 종이 계속해서 자연계의 기능을 하기 때문이다. 또한 각 생물종은 몇몇 품종만이 아니라 수많은 품종이 필요하다. 개체들에 퍼져 있는 다양한 유전자가 있어야 질병이나 다른 문제가 일어났을 때, 일부는 공격을 이겨내고 살아남을 수 있다. 이러한 종들이 없다면 인간은 충분한 식량을 마련하는 데 어려움을 겪게 될 것이다.[14]

지금까지의 농업은 규모화 · 전문화 · 단작화[15] · 대량생산 · 대량판매 등을 통해서, 농업의 생산성 증대와 대외경쟁력 향상, 그리고 농민의 소득증대에 집중했다고 할 수 있다. 여러 긍정적인 측면이 있었으나, 농촌의 인구감소, 공동체 파괴, 전통문화 훼손 등 사회문제를 초래하였고, 물과 토양의 오염, 생태계 파괴와 같은 환경문제 유발 등 부정적인 결과를 가져왔다. 이러한 변화된 환경에 대처하기 위해서 1970년대부터 농업의 다원적 기능과 공공재 공급 기능, 지속 가능한 발전에 대한 논의가 국제사회에서 시작되었다.

지속 가능한 발전은 경제를 풍요롭게 하는 것이 아니라 인류의 삶과 지구를 풍요롭게 하는 데 목적을 두고 있다. 이런 측면에서 미래의 농업은 농업경쟁력 강화를 벗어나 국민의 삶의 질 향상과 사회의 요구에 부응하는 지속가능성과 다원적 기능성을 갖추어야 한다. 지속가능성(sustainability)은 환경성 · 효율성 · 안전성 · 형평성의 조화를 추구하는 개념으로, 지금까지의 노동집약 · 기술집약 농업을 환경친화 · 자연순환 농업으로의 전환이 필요하다.

농업의 다원적 기능(multi-functionality)은 농업 · 농촌이 생산기능 이외에 환경, 생태, 경관, 문화, 교육 및 지역사회 유지 · 돌봄 등의 필요에 부응해 재화와 서비스를 제공하는 형태의 농업을 말한다. 이는 농가의 소득 문제 해결 차원을 넘어 농업, 농촌, 전체 사회의 변화를 가져올 수 있는 변혁적 · 혁신적 전환이다[16]. 농업 · 농촌의 다원적 기능성은 지속 가능성과 결합할 때 상승(synergy)효과를 낼 수 있다.

---

14) 루스 디프리스 지음, 정서진 옮김, 2018, 문명과 식량, 눌와, pp.50-54.

15) 단작화(單作化)는 한 가지 종류의 작물만 많이 재배되게 하는 현상.

16) 이명헌 · 황철수, 2019, 지속가능농정체제 구축의 길, 농정연구 69, pp.14-19.

농업의 다원적 기능(multi-functionality of agriculture)이란?[17]

농업생산이 환경에 이바지하는 것을 경제협력개발기구(OECD)에서는 농업의 다원적 기능이라 부르기도 하고, 세계무역기구(WTO)에서의 농산물 무역자유화 협상 과정에서는 농업의 비교역적 기능(Non-Trade Concerns : NTC)이라 부른다. 여기에 농업의 자연순환 기능과 생물다양성 개념이 강조된다면, 농업의 다원적 기능이란 종합적으로 농촌의 어메니티(amenity)[18] 유지 · 증진 기능이라 할 수 있다.

일반적으로 농업의 다원적 기능은 환경보전 기능, 농촌 경관 및 문화적 전통의 유지 기능, 농촌 활력 유지 기능, 식량안보 기능으로 구분되고, 각 기능의 세부 내용은 〈표 1〉과 같다.

〈표 1〉 농업의 다원적 기능 분류[19]

대분류	소분류
환경보전 기능	홍수 조절, 수자원 함양, 수질 정화, 대기 정화, 토양유실 방지, 폐기물 처리, 생물다양성 유지
농촌 경관 및 문화적 전통의 유지 기능	농업 · 농촌경관 제공, 휴양처 제공, 교육 기능, 문화적 전통 및 향토문화 보전
농촌 활력 유지 기능	농촌과 도시의 균형 발전
식량안보 기능	식량의 안정적 공급, 식품의 안전성 보장

17) 류수노 · 권순욱, 2016, 농학원론, 한국방송통신대학교출판원, p.287.
18) 어메니티(amenity)는 "유쾌하고 생활을 즐겁게 해주는"이라는 뜻이고, 농촌어메니티는 농촌에서 경험할 수 있는 사회적 · 자연적 · 문화적 자원을 개발하여 지역의 활력을 창출하고, 사회적 · 경제적 가치를 제공하는 자원임.
19) 류수노 · 권순욱, 2016, 농학원론, 한국방송통신대학교출판원, p.289.

5. 지속 가능한 농업

18세기 산업혁명 이후 급속도로 추진해 온 산업화는 각종 환경문제와 더불어 인간 삶에 부작용을 초래하였다. 이를테면 인간은 산업화의 수혜자이면서 동시에 피해자라는 모순에 처하게 되었다. 1970년대부터 이 같은 모순을 깨닫기 시작하였고, 이후 문제해결을 위한 활동이 국제협약, 유엔(UN)과 같은 범국가 차원에서 활발히 이루어지고 있다. 1972년 로마클럽에서 발간한 보고서 "성장의 한계"에서, 현대 문명이 자신의 지속적인 발전을 위해 전적으로 의존하고 있는 자원들을 고갈시키고 있다고 주장했다.

'지속 가능한 개발(sustainable development)'이라는 용어는 1987년 "환경과 개발에 관한 세계위원회(WCED[20])"의 보고서에 처음 등장한다. WCED는 지속 가능한 개발을 "미래 세대가 그들의 필요를 충족시킬 수 있는 가능성을 손상시키지 않는 범위에서 현재 세대의 필요를 충족시키는 개발"이라고 정의했다. 이 개념은 현재 세대의 과도한 자원 이용과 개발이 미래 세대의 복지를 위협하지 않도록 배려하는 개발을 의미하며, 지속성 · 형평성 · 효율성을 토대로 사회, 경제 및 환경 등 모든 분야의 정책을 수립할 때 우선 고려되어야 할 중심 주제이다.

'지속 가능한 개발'이란 단어는 이제 수많은 보고서, 논문, 책, 신문, 방송, 연설문 등에 등장한다. 여기서 '지속 가능한'은 지속성과 미

20) WCED(World Commission on Environment and Development)는 1987년 유엔 총회에서 설립하였고, 일명 브룬트란트위원회(Brundtland Commission)라고도 함.

래를 의미하므로 환경주의자들이 더 관심을 갖고, '개발'은 역동성과 변화를 뜻하고 정부와 산업·경제계가 집중하므로, 상반된 의미를 함께 담고 있는 슬로건이다. 구체적으로 경제성장은 모든 나라가 떠받치는 절대 목표로 무시할 수 없는 사안이다. 또한 기후변화와 환경보존에 제대로 대응하려면 성장이라는 장애물이 제거되어야 하고, 환경문제 해결을 위해서는 단기적이 아닌 장기적인 대책을 마련하는 것이 중요하다.

윌리엄 래퍼티(William Lafferty) 등은 "지속 가능한 개발은 인류 복지를 증진하고, 기본적인 필요를 충족시키며, 환경을 보전하고, 우리 미래 세대의 운명을 배려하며, 부자와 가난한 자 사이에서 형평을 이루고, 의사결정의 모든 단계를 적극적으로 참여하는 등 상호 의존적인 활동을 의미한다."라고 주장했다.[21] 결론적으로 정책이나 기술의 개발과 그 이행과정에서 후손들에게 어떻게 영향을 미칠지를 심사숙고해야 한다는 것을 강조하고 있다.

제2차 세계대전이 끝난 후 농업은 다수확 품종 개발, 농업기계화 촉진, 비료와 농약 사용 증가, 정부의 농업생산성 증대 정책 덕분에 획기적으로 발전했다. 이런 발전은 더 적은 수의 농부들이 더 낮은 비용으로 더 많은 농산물과 식품 생산을 가능하게 하는 여러 긍정적인 효과를 가져왔다. 하지만 표토층의 고갈, 지하수 부족과 오염, 대기 오염, 온실가스 배출, 소농 또는 가족 농장의 감소, 농민들의 근로 여건 악화, 농산물과 식품의 위해성 증가와 같은 다양한 문제점이 야

21) 앤서니 기든스 지음, 홍욱희 옮김, 2009, 기후변화의 정치학, 에코리브르, pp.94-103.

기되었다.

FAO에 따르면[22], 아직도 세계는 높은 수준의 기아와 영양실조(세계에서 7억 9,300만 명(2015)의 만성적 굶주림)를 겪고 있다. 2050년까지 세계인구가 90억 명으로 증가함에 따른 식량 수요와 식생활 변화를 충족시키기 위해서는 같은 기간에 60퍼센트 더 많은 식량을 생산해야 한다. 이와 함께 전 세계에서 생산된 식품의 약 3분의 1(연간 13억 톤)이 공급망에서 손실되거나 낭비에서 오는 막대한 재정적 · 환경적 비용 발생을 줄여야 한다. 더욱이 지난 10년 동안 연간 약 1,300만 헥타르의 산림이 다른 용도로 전환돼, 농지의 3분의 1이 황폐해지고, 작물의 유전적 다양성이 최대 75퍼센트 손실되고, 동물 종의 22퍼센트가 멸종 위험에 당면하고 있다. 이러한 문제 해결을 위한 혁신적인 대안이 '지속 가능한 농업'이다.

'지속 가능한 농업(sustainable agriculture)'은 건강한 생태계를 육성하고, 토지 · 물 · 천연자원의 지속 가능한 관리를 지원할 뿐만 아니라 세계 식량안보 유지를 목적으로 한다. 따라서 지속 가능한 농업은 식량, 섬유, 서비스에 대한 현재와 미래 세대의 요구를 충족하는 동시에 환경적 건강성, 경제적 수익성, 사회 · 경제적 형평성이 보장되어야 한다[그림 6]. 지속 가능한 농업으로 전환하려면 자원의 사용 효율성, 환경보호 및 시스템 복원력을 크게 개선해야 한다. 또한 무역제도와 무역정책에서 식량안보 문제를 해소하고, 지역 및 지역 농업시장 촉진을 위해서는 농업정책을 재검토하는 글로벌 거버넌스 시스템이 필요하다. 요약하면, 지속 가능한 농업은 사람이나 자연 생태계에 손상을 주지 않으면서 작물

22) https://www.fao.org>overview>systainable-agriculture

이나 가축을 생산하는 환경친화적 농업이고, 동시에 토양·물·생물다양성·농장 또는 인근 지역에서 일하는 사람들에게 악영향이나 피해를 주지 않는 농업이다.

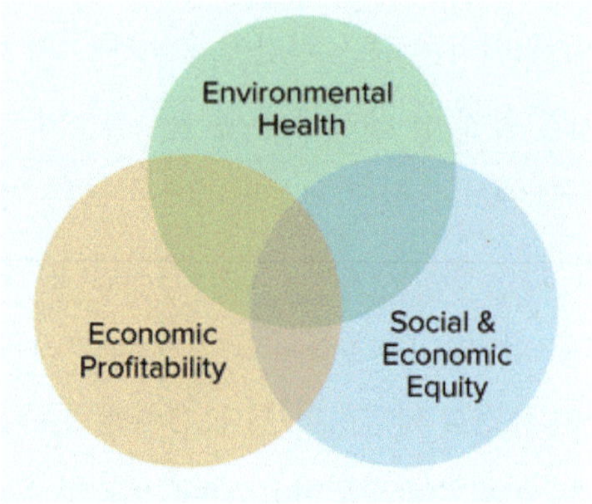

출처 : https://sarep.ucdavis.edu/sustainable-ag

[그림 6] 지속 가능한 농업의 3대 목표

참 / 고 / 문 / 헌

1. 루스 디프리스 지음, 정서진 옮김, 2018, 문명과 식량, 눌와, pp.50-54.
2. 류수노 · 권순욱, 2016, 농학원론, 한국방송통신대학교출판문화원, p.15.
3. Ibid., pp.281-294.
4. 앤서니 기든스 지음, 홍욱희 옮김, 2009, 기후변화의 정치학, 에코리브르, pp.94-103.
5. 유발 하라리, 2020, 사피엔스 : 제2부 농업혁명, 김영사, pp.120-129.
6. 이명헌 · 황철수, 2019, 지속가능농정체제 구축의 길, 농정연구 69, pp.14-19.
7. 존 판던 지음, 강미경 옮김, 2012, 오! 이것이 아이디어다, 웅진지식하우스, pp.243-251.
8. 최규홍 · 김성민 · 김대철, 2018, 농작업 기계학, 전북대학교출판원, pp.18-19.
9. 톰 스탠디지, 2012, 식량의 세계사 : 1장 농사를 발명하다, 웅진지식하우스, pp.17-30.
10. https://www.fao.org>overview>systainable-agriculture
11. https://sarcp.ucdavis.cdu/sustainablc-ag

지·속·가·능·한·농·업

연습문제와 토론사항

1. 주요 용어를 설명을 하시오.
   - 식량자급률
   - 곡물자급률
   - 생물다양성
   - 농업의 다원적 기능
   - 지속 가능한 개발

2. 식량농업기구(FAO)에서 권장하는 보존농업(Conservation Agriculture)의 배경과 실천방안 대해 설명하시오.

3. 우리나라의 식량자급률과 곡물자급률에 차이가 큰 이유를 설명하시오.

4. 농업에서 생물다양성의 역할 또는 생물다양성이 인류에게 주는 이점을 설명하시오.

5. 세계적으로 식량 위기를 초래하는 요인을 설명하고, 식량안보가 국토방위와 경제안정에 못지않게 중요한 이유를 설명하시오.

6. 농업의 다원적 기능 중에서 하나를 선택하여, 이들이 우리 농업 · 농촌에 이바지하는 내용을 구체적으로 설명하시오.

7. 미래의 농업이 '지속 가능한 농업'이어야 하는 이유에 대하여 토론하시오.

AGRICULTURE

지 속 가 능 한 농 업

농업발전에 이바지한 기술들

PART 02

AGRICULTURE

PART

2 농업발전에 이바지한 기술들

늘어나는 인구가 먹는 데 필요한 식량을 생산하려면 농사 외에 다른 방법이 없다. 농사는 단순하면서도 탁월한 아이디어다. 농부들은 오랜 역사를 거치면서 종자를 선발·순화하고, 쟁기와 같은 농기구를 만들어 사용하는 등 농사법을 개량하여 야생에서보다 훨씬 더 많은 식량을 생산하는 데 성공했다. 즉 농업발전이 인구 증가를 가져왔고, 늘어난 인구의 수요를 맞추기 위해 또다시 새로운 농업기술이 개발되어 문제를 해결하였다. 이 같은 순환이 오랜 시간 지속되면서 세계인구는 증가와 감소를 반복해 왔다.

각 국가는 제한된 농토에서 곡물 생산량을 늘리기 위해 국가 차원에서 관개시설의 확충에서부터 철제 농기구의 개량과 보급, 가축 이용 증가, 윤작법 도입, 화학비료와 농약 개발, 품종개량 등 다양한 농사법을 모색해 왔다. 실제로 주목할 만한 농업기술의 진보들이 있었고, 농업생산성 또한 크게 향상되었다. 최초의 문명을 지탱해 주었던 주요 작물—근동의 밀, 아시아의 쌀, 아메리카의 옥수수와 감자—은 결코 우연히 발견된 것이 아니었다. 초기 농민들은 이런 작물들 사이에서 우월한 특성을 가진 종(種, species)을 선택하여 번식시켜 왔다. 따라서 이들 작물은 사실상 인간의 발명품이라 할 수 있다.

농업발전에 이바지한 기술을 요약하면, 토양 비옥도와 높은 수량 유지를 위해 1년 동안 휴한지를 두는 로마의 2포식 윤작법 도입 이후, 3포식과 노퍽 4포식 윤작법으로 발전하여 18세기 유럽의 곡물 수확량이 크게 늘었고, 이는 당시 농업혁명이었다. 20세기 이후 농업기술의 발전은 괄목할 만하다. 1913년 독일에서 질소비료 대량 생산기술이 개발되고, 질소비료가 싼값에 보급되면서 윤작법이 사라지고, 단위면적당 수량도 획기적으로 증가하였다. 1917년부터 내연기관을 탑재한 트랙터가 대량 생산·보급되면서 경지면적이 늘어났고, 농장의 인력당 그리고 헥타르당 농업생산량이 크게 향상되었다. 1930년대에 교잡종 옥수수가 개발되고, 1960년대에 다수성 밀 품종과 벼 품종이 개발되고, 이들 재배면적이 빠르게 확대되었다. 더욱이 반왜성 다수성 밀과 벼는 높은 수량성에도 불구하고 쉽사리 쓰러지지 않았고, 당시에 비료·농약·제초제 사용량의 증가, 수리 관개 시설의 확대, 트랙터와 콤바인의 보급 증가 등 여러 신기술이 동시에 현장에 적용되어 식량 생산에서 상승효과를 가져왔다. 이를 '녹색혁명(Green Revolution)'이라 일컫고, 그 결과 세계 식량 증가율이 인구 증가율을 초과하였다. 만약 녹색혁명이 없었더라면, 1970년대 내내 개발도상국 가운데 상당수가 대대적인 기근에 시달렸을 것이다.

이 장에서는 인류의 농업발전에 이바지한 여러 분야 가운데 윤작법, 질소비료, 농기구와 농기계, 품종개량과 녹색혁명을 중심으로, 각 기술의 발전과정과 그 파급효과 등을 살펴본다.

1. 중세의 농업혁명, 윤작법

농작물을 같은 땅에 계속 심으면 수확량이 점점 줄어든다. 농부들은 농작물을 키우는 힘, 즉 지력이 떨어진 것으로 인식하여 한번 작물을 심으면 이듬해에는 땅을 놀렸다. 로마인들은 해마다 농경지의 절반 이상을 그대로 방치하는 매우 비생산적인 농사를 지었다. 당시에는 토양에 영양분을 공급하는 화학비료가 없었고, 질소 고정 식물—클로버와 알팔파(alfalfa) 등—도 알려지지 않았기 때문에 계획적으로 토지를 쉬게 하는 것이 수확량을 늘리는 유일한 방법이었다.

중국인들은 대략 3000년 전에 토끼풀, 콩, 팥이 토양을 비옥하게 하고 쌀 수확량을 늘린다는 것을 알았다. 콩과 식물을 기운 경작지의 땅을 갈아엎는 방식 덕분에 토양 내 질소 성분이 적정량으로 유지되어 늘어난 인구를 먹여 살릴 수 있었다. 그로부터 약 1000년 후 중국 농민들은 돌려짓기 농사를 시작했다. 이를테면 첫해에 수수를 심었다면, 다음 해에는 콩과 식물, 그다음 해에는 참깨와 같은 유지 작물을 심었다. 이런 돌려짓기 방식은 토양에 질소를 계속 공급하여 당시 작물 생산을 높이는 역할을 했다.[1)]

유럽은 기후 여건상 밀, 호밀, 보리와 같은 밭작물이 주요 곡물이었다. 이들 농사의 가장 큰 단점은 지력 소모가 심하다는 점이다. 그 해결책은 땅을 놀리거나, 땅에 비료를 주거나, 윤작(돌려짓기, crop

1) 루스 디프리스 지음, 정서진 옮김, 2018, 문명과 식량, 눌와, pp.112-113.

rotation)[2]을 하는 것이었다. 화학비료가 출현하기까지 유기성 폐기물, 퇴비 등이 비료의 원천이었다. 당시 가축의 주된 가치의 하나는 '걸어 다니는 퇴비 수레'로서의 역할이었다. 그러나 가축 사양에는 목초지가 필요했고, 그만큼 작물 재배를 위한 토지가 줄어들었다. 퇴비가 부족하면 농민들은 작물을 순환하는 재배, 즉 윤작을 실천하여 토양의 지력 감소를 피해 갔다. 가장 일반적인 방식은 이포제(또는 2포식)와 삼포제(3포식)였고, 이는 농경지의 2분의 1에서 3분의 1을 방목지로 이용하거나 아무것도 재배하지 않는 것이었다. 이를테면 곡물 재배면적이 감소하였다.

이포제에서 삼포제로의 변화는 앵글로 색슨 시대인 8세기 말에 시작됐고, 12세기 전후부터 개간 활동이 활발하게 이루어지면서 잉글랜드에서도 삼포제가 널리 보급되기 시작했다. 삼포제(three-field system)는 농경지를 3개로 나누어 각 경지에 돌아가면서 다른 작물을 재배하거나 휴경하는 방법이다. 농경지를 세 개로 나누고 첫 번째 경지에는 가을에 밀과 보리, 호밀 등 겨울작물을 파종하고[추파(秋播)라고 함], 두 번째 경지에는 이듬해 봄에 귀리, 콩, 완두콩 등 여름작물을 파종하며[춘파(春播)], 세 번째 경지는 쉬게 하면서 가축들이 먹는 풀들이 자라게 내버려둔다(휴경). 풀을 뜯어 먹는 가축들의 배설물은 곡물이 자랄 때 빼앗긴 질소를 땅에 돌려주는 역할을 한다. 그

2) 윤작 : 논이나 밭에 매년 농사를 짓지 않고, 몇 개 작물을 특정한 순서로 규칙적으로 반복하여 재배하는 방식. 예) 첫해에는 가을에 파종한 겨울밀이나 호밀, 보리를 재배하고, 둘째 해에는 봄에 파종한 귀리, 완두, 강낭콩을 재배하고, 그리고 셋째 해에는 휴한지로 둠.

다음 해에는 첫 번째 경지에 여름작물을 파종하고, 두 번째 경지는 휴경하고, 세 번째 경지는 겨울작물을 파종한다. 이를테면 삼포제는 농경지를 3년 주기로 순환함으로써, 지력 소모를 줄이면서 생산성을 유지하는 농사법이다[그림 1].

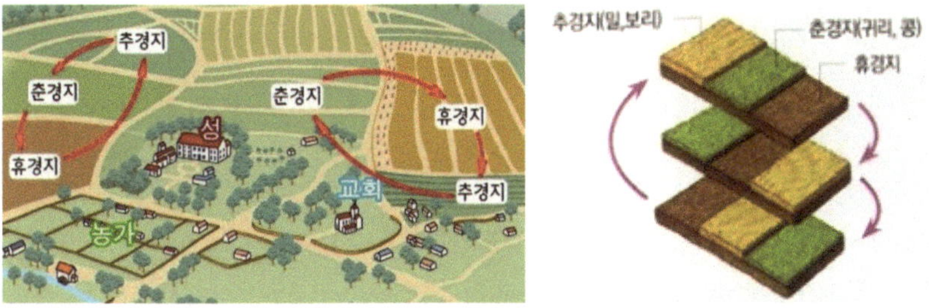

출처 : 구글이미지

[그림 1] 유럽 중세 도시의 삼포제

더욱이 휴경지에 클로버, 순무 등의 사료작물을 재배하여 지력을 회복하는 동시에 가축 수를 늘리는 이점이 있다. 클로버는 가축 사료로 쓰일 뿐만 아니라 토양에 질소를 공급하고, 순무는 가축 먹이로 쓸 수 있어서 겨울에도 가축 사육을 가능하게 했다. 그 결과 더 많은 고기와 거름을 얻을 수 있었다. 이른바 종래의 휴경지에 사료작물 재배는 지력을 회복(휴경 효과)하는 동시에 '사료 증대 → 가축 증가 → 비료 증가 → 곡물 증산'이라는 새로운 순환과정을 통해 확대 재생산이 가능하였다. 1730년대 영국의 타운센드(Charles Townshend)에서 개발된 밀, 순무, 보리, 클로버를 순환 재배하는 노퍽 윤작법(Norfolk Rotation System)이 대중화되어 유럽 농업을 한층 발전시켰다. 이런 농업발전은 영국 사회에 큰 변화를 가져왔다. 길게 보면 영국은 산업혁명에 앞서 반드시 거쳐야 하는 농업혁명을 이미 오래전부터 착실하게 준비하고 있었다.[3] 농업혁명은 급속한 인구 증가뿐만 아니라 산업화·도시화의 전개를 뒷받침하므로 산업혁명의 중요한 선행지표의 하나였다.

이와 같은 토지 이용법은 1) 농경지의 지력을 크게 떨어뜨리지 않고, 2) 여러 종류의 농작물을 재배함으로써 냉해, 가뭄 등 자연재해나 병해충 피해로 인한 손실을 줄여 위험 분산 효과가 있고, 3) 새로운 식량작물(귀리, 콩 등)을 생산하여 식물 단백질을 공급할 수 있고, 4) 농경지를 2~3개로 나눔으로써 농작업에 투입되는 노동력을 연중 골고루 분산시키고, 5) 농업생산량도 1/2~1/3 정도 더 증대시키는 등 여러 긍정적인 효과를 가져왔다.

단위면적당 수확량을 높이는 것은 곡물 생산에 삶의 거의 모든 것이 걸려 있던 사회에서 그 어느 것보다도 중요했다. 유럽 중세 중기에서 근대 초기까지 농업생산성을 나타내는 수확량 대 파종량의 비율[4]은 4 : 1에서 6 : 1 수준이었다〈표 1〉. 18세기에 영국, 아일랜드, 네덜란드에서 이 비율이 10 : 1 이상으로 상승한 것은 윤작법 덕택이었고, 당시로서는 '농업혁명'이었다.[5]

땅이 넓은 유럽에서는 곡물 생산과 축산을 결합한 윤작법이 보편화됐지만, 우리나라는 농경지를 놀릴 수 없어서 다른 작물을 돌려가

3) 이영림 · 주경철 · 최갑수, 2011, 근대 유럽의 형성 : 16~18세기, 까치, p.53.

4) 봄에 곡물 한 알을 파종했을 때 가을에 거두는 알의 비율을 말함. 낟알 4알을 거둘 경우, 내년 농사 종자용으로 1알을 따로 보관하므로 실제 빵을 만들 수 있는 낟알은 3알에 불과하고, 만일 흉년이 들어 이 비율이 3 : 1 이하로 떨어지면 기근이 시작됨.

5) 이영림 · 주경철 · 최갑수, 2011, 근대 유럽의 형성 : 16~18세기, 까치, pp.50-51.

〈표 1〉 유럽의 곡물 수확

A. 1200~1249년 이전, 수확량 대 파종량의 비율 3 : 1~3.7 : 1	
Ⅰ 영국 1200~1249년	3.7
Ⅱ 프랑스 1200년 이전	3
B. 1200~1820년, 수확량 대 파종량의 비율 4.1 : 1~4.7 : 1	
Ⅰ 영국 1250~1499년	4.7
Ⅱ 프랑스 1300~1499년	4.3
Ⅲ 독일, 스칸디나비아 국가들 1500~1699년	4.2
Ⅳ 동부 유럽 1550~1820년	4.1
C. 1500~1820년, 수확량 대 파종량의 비율 6.3 : 1~7 : 1	
Ⅰ 영국, 네덜란드 1500~1700년	7
Ⅱ 프랑스, 스페인, 이탈리아 1500~1820년	6.3
Ⅲ 독일, 스칸디나비아 국가들 1700~1820년	6.4
D. 1750~1820년, 수확량 대 파종량의 비율 10 : 1 이상	
Ⅰ 영국, 아일랜드, 네덜란드 1750~1820년	10.6

면서 재배하는 윤작법이 행해졌다. 고려시대에는 2년 3작(2년 동안 3가지 작물을 돌려 지음)의 윤작법이, 조선시대 초부터는 2년에 4작이 도입됐다. 이 방식이 발전하여 현재 남부지방에서는 벼를 수확한 후에 곧바로 보리를 파종하는 이모작이 정착되었다. 일반적으로 밭작물 재배에서, 동일 포장(圃場, field)에 몇 가지 작물을 조합하여 순환 재배하는 윤작법이 널리 사용되고 있는데, 이들의 장점은 다음과 같이 요약할 수 있다.

① 지력 유지와 증진 : 양분 수탈 방지와 콩과(두류) 작물에 의한 질소 고정

② 기지현상[6])의 회피 : 연작에 의한 생육 장해 방지

③ 병해충과 잡초 경감 : 잘록병, 뿌리썩음병, 선충 등에 의한 피해를 줄여줌

④ 토지이용률 향상 : 여름작물–겨울작물 결합으로 토지 이용성 증가

⑤ 토지생산성 향상 : 지력 증강, 병해충과 잡초 경감으로 토지의 단위면적당 수확량 증가

⑥ 노동력 분산 효과와 농업경영의 안정성 증대

⑦ 토양 보존 효과 등

6) 기지현상(忌地現像)은 같은 땅에 같은 작물을 이어짓기할 때 작물생육에 장해가 나타나는 현상이고, 특정 병충해의 만연, 토양 내 양분 결핍과 염류 집적, 유독 물질의 분비, 잡초의 번성 등이 원인임.

2. 비료의 발견과 활용

한곳에 정착한 초기 농민들은 개간한 땅에서 첫 작물의 생산량이 가장 많고 품질이 좋다는 사실과 땅도 사람처럼 피로를 느끼면서 점점 생산량이 줄어든 것을 알게 되었다. 베어낸 풀을 태운 후 쌓여 있는 재 근처에서 작물이 더 잘 자란다는 점도 깨달았다. 실제로 산림 한 구역의 나무를 태우고 밭을 만들어 농사를 지은 다음 몇 년 후 이동하여 산림을 회복시키는 방법으로 농사를 지었다. 이를 '화전(火田) 농법'이라 한다. 그러나 한곳에 정착한 후 토지 소유권이 생기면서 화전 농법은 더이상 지속되지 않았다.

비료가 개발되기까지 수천 년 동안 이듬해 수확량 감소를 해소하기 위해 1) 농경지를 한두 해쯤 놀리거나(휴경법), 2) 농작물의 찌꺼기, 가축이나 사람의 배설물, 수로의 진흙 등 유기성 폐기물을 농경지에 투입하거나, 3) 콩 · 완두콩 같은 콩과 작물을 밀, 보리 또는 쌀과 윤작하거나(주로 근동 · 중국 · 인도에서 함), 4) 옥수수 사이에 콩을 재배하거나(신대륙에서 행함), 5) 콩과 작물을 수확하지 않고 그대로 쟁기로 갈아서 땅에 묻는 등 다양한 농경법이 행해졌다. 그러나 이들 방법에는 한계가 있었다. 인구가 늘어난 사회는 경작지를 더욱 혹사하여 황폐화시켰다. 농업은 인구 증가를 가져오고, 규모가 커진 사회는 더 많은 식량이 필요하므로 벌목과 토양 침식으로 이어지고, 그러면 수확량은 더 줄었다. 이때 비료가 필요하다.[7]

---

7) 에번 D.G. 프레이저 · 앤드류 리마스 지음, 유영훈 옮김, 2011, 음식의 제국, 알에이치코리아, p.209.

공기 성분을 조사하던 과학자들에 의해 1770년에 질소의 존재가 확인되었다. 19세기 초, 프로이센의 학자 알렉산더 폰 훔볼트(Alexander von Humboldt)는 페루에서 멸치류와 정어리를 잡아먹는 바닷새 배설물인 구아노(Guano)[8]가 알이 굵은 감자를 생산하는 데 훌륭한 비료였다는 것을 알았다. 유럽에 이 아이디어를 전달했지만, 30여 년이 지나서야 주목을 받았다. 1836년 프랑스 농화학자 장 밥티스트 부생고(Jean-Baptiste Boussingault)는 농작물, 똥거름, 생선 폐기물, 뼈 등의 질소 함량을 측정하고, 일련의 실험을 통해 질소가 토양을 비옥하게 하는 능력과 밀접한 연관성이 있다는 것을 알아냈다. 또한 식물은 대기로부터 질소를 직접 흡수하지 않고, 질산염(NO_3^-)의 형태로 뿌리를 통해 흡수된다는 것도 증명했다. 1840년대 들어서 화학이 발전하고, 사람들은 토양에 필요한 주요 영양분이 질소(N)와 인(P), 칼륨(K)인 것을 깨달았다. 더욱이 구아노는 질소와 인의 좋은 공급원으로 인정받는 동시에 하나의 사업 대상이 되었다.[9]

유럽과 미국의 인구가 19세기 중반 이후 크게 늘었고, 이에 맞춰 경지면적을 늘려 밀과 옥수수의 생산량도 증가했다. 그러나 20세기 초에는 유럽에서 경작지를 새로 확보하는 것에 한계가 드러남에 따라 충분한 식량 공급을 위해서는 단위면적당 생산량, 이를테면 소출을 늘려야 했다. 볏짚, 낙엽, 흙 등을 모아 각종 미생물로 발효시켜 만든 천연비료로는 작물생산량을 더이상 높일 수 없었다. 식물의 성

8) 구아노(Guano)는 바닷새 배설물이 여러 세기 동안 쌓여 응고된 덩어리 광물로서, 동물 배설물보다 질소 함량이 30배나 많아 잉카제국 농민들은 일찍부터 구아노를 비료로 사용했음.
9) 피터 매니시스 지음, 이수연 옮김, 2011, 인류의 역사를 바꾼 위대한 과학적 발견들 100 디스커버리, 생각의 날개, pp.30-33.

장과 질소의 상관관계를 고려할 때, 토양에 질소 공급을 늘리는 것이 소출을 많이 내는 확실한 방법이었다. 질소 고정이 가능한 콩과 작물을 심어 토양의 질소 함량을 높이는 데 극도로 제한적이던 상황에서 주목한 것이 구아노였다. 당시 유럽이나 미국 등 열강들이 비료와 화약의 원료로 사용할 목적으로 구아노를 경쟁적으로 확보하는 바람에 고갈됐고, 더이상 농업에 사용할 수 없게 되자, 이를 대체할 질소비료를 인공적으로 제조하는 연구가 독일에서 본격적으로 시작됐다.

독일의 화학자 프리츠 하버(Fritz Haber)가 1906년에 고온과 고압 상태에서 대기 중의 질소와 석탄에서 추출한 수소를 이용하여 암모니아를 합성하는 데 성공했다. 하버-보슈법에 의해 화학비료가 생산되기 전 20세기 초반까지만 해도 농경지에 투입되는 질소는 천둥 번개나 콩과 작물의 질소 고정에 의존했다. 독일의 화학기업 BASF사에서 1913년에 질소 화합물 대량 생산 기술을 실용화했는데, 이 기술은 하버의 합성 기술과 엔지니어 카를 보슈(Carl Bosch)의 공학 기술을 결합한 것으로, 이를 '하버-보슈 공정'이라고 일컫는다. 하버는 암모니아 합성법의 발명으로 1918년에 노벨화학상을 수상했다.[10] 하버법은 식량 생산량을 크게 늘려 당시의 기아 해결에 크게 기여했다. 그러나 1914년 제1차 세계대전이 발발하자 이 기술을 화약과 독가스 제조에 활용하여 전쟁을 지속시키고, 수많은 인명을 살상하는 오명을 남기기도 하였다.

---

10) 하버는 노벨상 수락 연설에서, "질소비료가 토양을 개선해서 인류에게 새로이 풍족한 영양을 가져다준 걸로 충분합니다." "화학산업은 대지의 돌을 빵으로 바꾸려고 노력하는 농부를 돕습니다."라고 하였다.

공기 중에 질소는 대략 78퍼센트를 차지한다. 대기에서 기체 상태로 존재하는 질소(N_2)는 두 개의 질소 원자가 맞물려 있는데, 이는 자연 상태에서 발견되는 결합 중 가장 단단한 형태이다. 질소 원자 두 개가 분리되지 않으면 질소는 불활성기체일 뿐이고, 당연히 식물은 이를 흡수할 수 없다. 식물이 질소를 양분으로 흡수하려면 질소가 다른 형태로 결합해야 하는데, 그것이 바로 질소 원자 한 개에 세 개의 산소 원자가 결합한 질산염(NO_3^-)이다. 기체와 달리 질산염은 토양 사이에 존재하는 수분에 잘 녹기 때문에, 식물은 뿌리로 질소를 흡수할 수 있다. 공기에서 토양, 식물, 동물, 그리고 다시 공기로 돌아가는 질소의 순환과정은 1800년대 중반에 밝혀졌다.

독일 화학자 유스투스 폰 리비히(Justus von Liebig)는 질소의 필수적인 역할에 최소율 법칙과 제한인자의 개념을 도입·설명하였고, 나중에 비료업계의 아버지라는 호칭을 얻었다. 최소율 법칙의 핵심은, 필수 영양소 중 식물 성장을 좌우하는 것은 넘치는 요소가 아니라 가장 부족한 요소라는 것이다. 또한 온도, 질소 혹은 수분과 같은 생육인자는 생육량을 제한할 수 있으므로, 이를 제한인자라고 한다. 식물이 건강하게 자라려면 열일곱 가지의 다양한 화학원소를 섭취해야 한다(Part 6 〈표 1〉 참고). 이들 원소는 햇빛과 이산화탄소 그리고 물과 결합하여 당분, 단백질, 식물조직 등을 형성한다. 열일곱 가지 원소 중에서 질소가 가장 중요하다.

질소는 모든 동식물 조직에서 필수적인 물질로 식물 성장을 돕고, 주요 곡물의 단백질 성분을 책임지는 영양소다. 그러나 질소는 작물에 직접 흡수되지 못한다. 식물 뿌리는 암모늄 이온(NH_4^+)과 질산이온

(NO_3^-)만 흡수할 수 있다. 흙 속에 있는 질소 고정 세균[11]은 질소 원자간 결합을 끊을 수 있는 효소를 가지고 있어 질소 분자를 암모늄 이온 형태로 고정하고, 이 중 일부는 질화 세균에 의해 질산이온으로 전환된다. 식물은 물에 녹아 있는 암모늄 이온이나 질산이온의 형태로 질소를 흡수한다[그림 2]. 유기질 비료에 있는 질소와 화학비료에 있는 질소가 흡수되는 형태는 대기 중의 질소가 흡수되는 형태와 같다. 단지 암모늄 이온과 질산이온으로 변하는 속도가 다를 뿐이다[그림 3].[12]

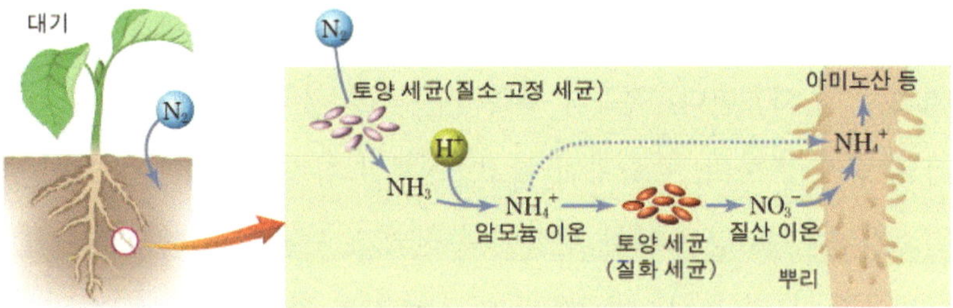

[그림 2] 대기 중의 질소가 질소 화합물로 고정되는 과정

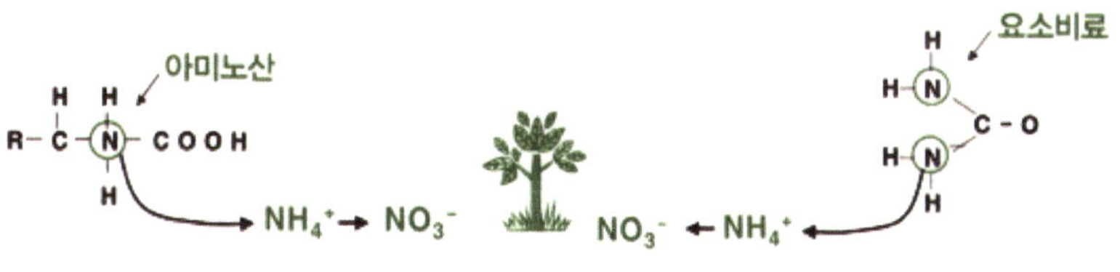

[그림 3] 질소 비료의 흡수 원리[13]

---

11) 질소 고정 세균 : 콩과 식물 뿌리에 공생하는 뿌리혹박테리아, 오리나무 뿌리의 방선균 등 토양에 존재하는 토양 세균의 일종임.

12) 현해남, 2019, 흙과 비료 이야기, 농민신문사, pp.42-43.

13) Ibid., p.43.

이와 같이 질소가 기체 상태에서 식물과 동물이 이용할 수 있는 다른 형태로 바뀌는 과정을 '고정(fixation)'이라 한다. 번개의 전하가 질소 원자들의 강한 결합을 깨뜨리고, 분리된 질소 원자가 빗물에 녹아내려 식물 안으로 들어간다. 질소를 고정하는 더 확실한 방법은 하늘이 아니라 땅 아래에 있다. 근균류라는 박테리아는 콩과 식물의 뿌리혹에서 살아간다(Part 6 [그림 8]). 근균류에는 질소 고정 세균이 있는데, 이것이 분자의 파열을 촉진한다. 반으로 쪼개져 나온 질소 원자는 주변의 수소 원자와 결합하여 암모니아를 형성한다. 결론적으로 콩과 작물에는 질소를 쉽게 토양에 고정하는 탁월한 능력이 있다.

식물은 흡수한 질소를 아미노산이나 핵산, 광합성 색소인 엽록소의 합성에 사용한다. 질소가 부족하면 작물 성장이 저해되고, 잎사귀가 누렇게 변하며, 수확량이 줄고, 단백질 함량도 줄어든다. 반면에 질소가 풍부할 경우 작물 성장이 촉진되고, 수확량과 단백질 함량이 늘어난다. 그러나 질소비료에는 인구 증가를 가능하게 하는 '빛'과 환경문제를 일으키는 '그림자'가 공존한다. 질소비료 생산량은 자연의 질소 고정량을 넘어섰다. 게다가 질소비료 이용효율은 수십 퍼센트에 불과하다. 자연에 방출된 질소비료 대부분은 대기로 돌아가지만, 일부는 잔류하여 흙의 산성화나 수질오염과 같은 환경문제를 일으키는 주된 원인이 되기도 한다.[14)]

농업에서 질소비료 사용의 빠른 증가는 전 세계 식량 생산에 막대한 영향을 끼쳤다. [그림 4]에서 보는 바와 같이 1960년 이후 세계

---

14) 후지이 가즈미치 지음, 염혜은 옮김, 2020, 흙의 시간 : 흙과 생물의 5억 년 투쟁기, 눌와, pp.191-199.

경지면적(●)은 정체상태에 도달했지만, 질소비료 사용량(▽)이 크게 늘었고, 이때 1헥타르에서 생산된 세계 평균 쌀 수확량(ㅁ)과 밀 수확량(△)은 비례적으로 증가하였다. 결론적으로 비료 소비량이 곡물 수확량 그리고 세계인구 증가와 높은 상관관계가 있음을 보여주고 있다.

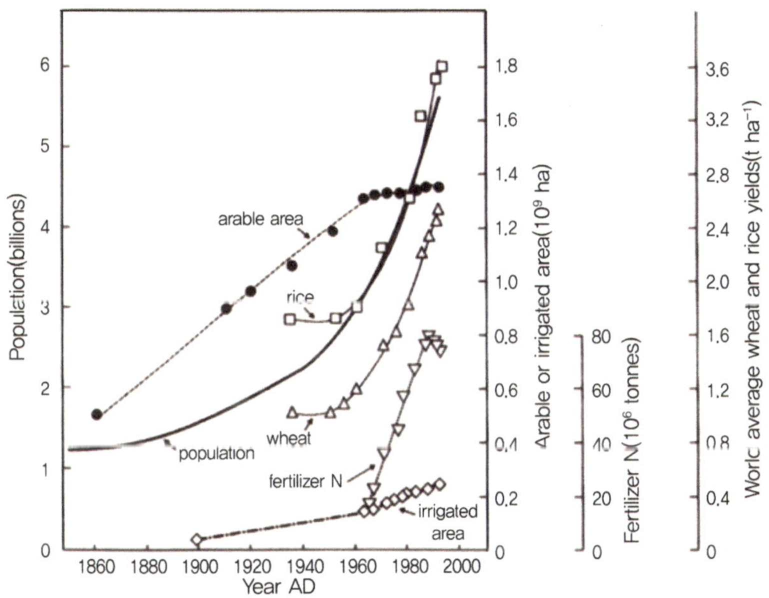

[그림 4] 연도별 세계 인구, 경지면적, 질소비료 투입량, 관개면적과 곡물(쌀 · 밀) 수확량[15)]

15) L.T. 에반스 지음, 성락춘 옮김, 2008, 백억 인구 먹여 살리기, 고려대학교출판부, p.145.

3. 농기구와 농기계 개발

최초의 농민들은 땅을 갈고, 씨앗을 심고, 잡초와 해충을 제거하고, 농작물을 수확하는 등 길고 고된 노동을 견뎌야 했다. 생태학자 루스 디프리스(Ruth DeFries)는 "고된 노동과 굶주림은 도구를 개발할 동기를 부여했다." 또한 "최초의 농경사회 이후 등장한 새로운 농기구는 모두 목적이 똑같았다. 사람의 힘을 덜 들이고 땅에서 식량을 더 얻어내는 것이다."라고 말했다.[16] 인류는 쉽고 효율적으로 일하기 위해 지난 1만 년 동안 상당한 시간을 들여 계속 농기구, 바퀴, 풍차, 물레방아 같은 여러 도구를 개발 사용해 왔다.

인류 농업 발전사에서 도구의 활용이나 개발은 크게 두 단계로 구분할 수 있다. 제1단계는 1만 2000년 전에 인류가 수렵과 채집에서 벗어나 한곳에 정착한 이후 간단한 도구(대표적으로 쟁기를 들 수 있음)를 만들어 농사에 사용하였다. 도구를 이용할 때 가축의 힘을 이용하여 사람의 에너지를 보충했다. 농경사회로 바뀌면서 인류는 공동체를 구성하고, 지식을 축적하고, 각종 제도를 만드는 등 문명이 번성해 왔다. 그러나 이 단계는 매우 오랜 기간에 걸쳐 느리게 발전해 왔다.

제2단계는 1770년경에 영국에서 시작된 산업혁명이고, 그 핵심은 증기기관의 개발이었다. 당시 영국에서는 난방과 건축, 초기 산업에 필요한 목재 수요가 크게 늘어 공급이 부족했다. 이 때문에 목재를

---

16) 아만다 리틀 지음, 고호관 옮김, 2021, 인류를 식량 위기에서 구할 음식의 모험가들 -6천 년 전, 인류의 도전이 시작되다-, 세종, p.33.

대신해 화력이 우수한 석탄 수요가 급증했고, 석탄 생산을 늘리기 위한 혁신 기술로 증기기관이 발명되었다. 스코틀랜드의 기계 제작자 제임스 와트(James Watt)가 토머스 뉴커먼(Thomas Newcomen)이 만든 피스톤식 증기기관의 문제점을 개선하여 새로운 증기기관을 개발하고, 1769년에 특허를 출원했다. 증기기관은 초기에 석탄을 능률적으로 채취하기 위해 광산에서 물을 퍼내는 일에 사용되었고, 그 이후 방적기 구동에 이용되어 면직물 공업을 한 단계 발전시켰다. 면직물과 증기기관으로 상징되는 1차 산업혁명은 영국을 차원이 다른 강대국으로 만들어주었다.[17)]

〈쟁기〉

선사시대부터 사람들은 맨땅에 씨앗을 뿌리는 것보다는 흙을 파쇄하고 부드럽게 한 후에 씨앗을 뿌리면 작물이 잘 자란다는 것을 알게 되었다. 또한 매년 작물을 재배하려면, 땅속에 있는 영양분을 작물 뿌리에 공급하기 위해 땅을 파서 뒤집어야 한다고 믿었다. 땅을 파는 막대기가 처음으로 만들어져 사용되었고, 이것이 최초의 농기구(農器具)인 쟁기였다.

최초의 쟁기는 약 8000년 전부터 사용한 것으로 알려졌다. 기원전 2000년경 이집트에서는 소가 나무 쟁기를 끌어 땅 표면을 일구었다[그림 5]. 동물의 힘을 이용하면 땅을 가는 데 걸리는 시간과 에너지가 사람 힘만으로 했을 때보다 훨씬 줄어든다는 것을 알았다. 로마에

17) 박지향, 2018, 제국의 품격 -작은 섬나라 영국은 어떻게 세계를 지배했는가-, 21세기북스, pp.107-118.

서는 땅을 깊이 갈아엎지 않고 표면만을 긁어내는 가벼운 천경(淺耕) 쟁기(scratch plow)가 사용되었다. 이 쟁기는 지중해 연안의 부드러운 토양에는 적합했으나, 무거운 진흙 토양이나 강수량이 많고 배수가 좋지 않은 평지로 이루어진 산림과 늪지인 북유럽 지역에서 농경지를 일구는 데는 적절하지 않았다.

[그림 5] 이집트 무덤의 벽화(기원전 1200년경)18)

중세 초기(6세기경) 북유럽에서 개발된 바퀴 달린 쟁기는 굴곡진 철판이 달린 구조로 크고 무거우며, 4~8마리의 황소가 끌어 땅을 갈았다. 이 쟁기는 깊은 고랑을 파는 동시에 높은 두둑을 만들어서 땅의 물 빠짐[또는 배수(排水)]에도 효과적이어서, 북유럽 토지의 생산성을 높였다. 게다가 사람이 거주하지 않는 지역인 산림지와 습지를 농경지로 전환하는 데, 이 무거운 쟁기가 능률적이었다. 앵글로 색슨

18) 유발 하라리 지음, 조현국 옮김, 2015, 사피엔스, 김영사, p.144.

시대에, 무거운 쟁기의 기본 틀이 나무로 되어 있고, 가장 중요한 부분인 보습[19]이 쇠로 만들어졌다. 보습이 쇠로 만들어져 단단하고 척박한 땅을 갈아 경지로 만들고, 심경(深耕 : 땅을 깊게 갈다)이 이루어져 표토층이 두텁게 되고, 토성이 다른 상·하층의 토양이 혼합될 뿐만 아니라 토양의 공기 함유력과 보수력(保水力)이 향상되고, 유기물과 미생물의 활성화를 촉진해 작물생산량 증대를 가져왔다. 이러한 쟁기의 개선은 화학비료 발명에 비견될 정도의 큰 변화였다.[20]

중세 유럽(11~13세기)에 급격한 인구 증가로 인해 곡물 수요가 크게 늘어남에 따라 농업기술과 농기구 개선의 필요성이 증가하였다. 작물 재배에서는 이포제에서 삼포제로 변화됐고, 축력 이용에서는 소보다 속도가 빠르고, 먹이도 적게 먹고, 지구력이 뛰어난 말로 대체되었다. 특히 마구[21]가 도입되어 무거운 쟁기를 끄는 데 가축 힘을 효율적으로 이용하게 되었다. 중국에서 475년경에 말의 체형에 알맞은 쿠션을 댄 어깨띠 마구가 개발되었고, 이 마구는 무게를 양어깨에 고르게 분산하는 효과가 있다. 마구는 920년경 유럽에 도입된 이후 12세기 말에 보편적으로 사용되었다.

쟁기 역사에서 매우 큰 진전은 11세기경에 등장한 볏 쟁기(또는 몰드보드(moldboard) 쟁기)이다. 볏은 쟁기의 보습 위에 달린 구부러진 금속판으로, 쟁기가 앞으로 진행할 때 보습으로 잘린 큰 흙덩어리를 끌어올려 한쪽으로 뒤집어 잘게 분쇄하여 흙을 부드럽게 한다

19) 보습 : 쟁기의 맨 앞부분에 위치하여 경지를 파고 들어가 흙을 깎는 부분.
20) 홍성표, 2012, 중세 영국사의 이해, 충북대학교출판부, pp.243-249.
21) 마구(馬具) : 말을 부리기 위한 말갖춤으로, 말을 부리기 위해서 말에게 장착하였던 각종 장구(裝具)들을 통칭하는 것.

[그림 6]. 철제 쟁기가 목재 쟁기를 대체한 것은 18세기 말부터였고, 1780년대에 랜섬(Robert Ransome)이 견고한 주철제 보습을 도입하여 쟁기의 작업 능률을 올렸다. 오늘날 사용하는 쟁기는 1837년에 미국 버몬트의 발명가 존 디어(John Deere)에 의해서 개발된 보습과 볏을 일체형으로 만든 강철 쟁기였고, 이는 대초원의 땅을 일구는 데 적합했다. 이어서 농부가 타고 운전할 수 있는 쟁기인 설키 플라우(sulky plow)가 개발되었고, 증기기관을 이용한 쟁기가 처음으로 등장한 것은 20세기 초였다.

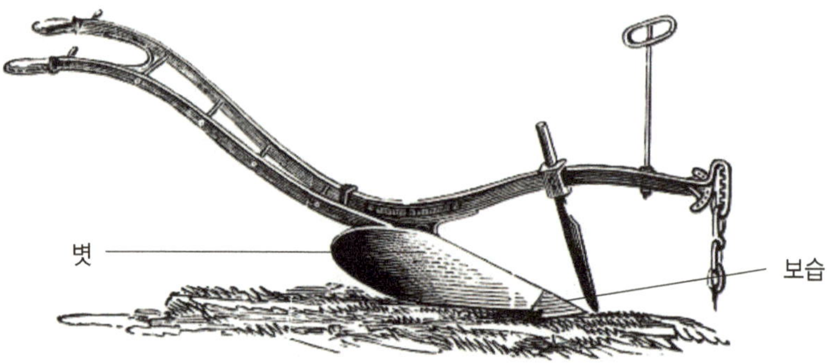

[그림 6] 몰드보드 플라우

중국의 경우, 전국시대(기원전 403~221) 말기의 무덤에서 철제 보습이 나왔고, 1세기의 무덤인 산시성 동한묘(東漢墓) 벽화에 쟁기를 쓰는 그림이 등장하였다. 우리나라도 기원전 2, 3세기에 삽 따위의 철제농구를 만들었으므로, 중국과 비슷한 시기에 철제 보습을 사용했을 것으로 추정된다.

〈파종기〉

또 다른 혁신은 파종기의 발명이다. 초기에 농부들은 손으로 씨앗을 뿌렸는데, 씨앗 대부분이 바람에 날리거나 새 떼가 먹는 바람에 종자 손실이 컸다. 1700년경에 영국의 제트로 털(Jethro Tull)은 말이 끌면서 땅에 구멍을 내고 씨앗을 심는 파종기(조파기[22])를 개발했다[그림 7]. 이 발명은 전통적인 방법보다 5배 더 많은 작물을 생산했다.

출처 : Getty Images

[그림 7] 제트로 털의 파종기 발명

농경지에 뿌린 많은 씨앗이 가까이 붙어 있다 보면 토양 속의 영양분을 차지하기 위해 경쟁이 벌어지게 되고, 결국 어느 것도 제대로 자라지 못하게 된다. 식물이 잘 자라기 위해서는 씨앗들을 충분히 멀리 떨어지게 심어줘야 한다. 파종기로 파종할 경우, 씨를 그냥 흩뿌

22) 조파기는 간격이 일정한 파종 골에 씨앗을 연속적으로 뿌리는 기계이고, 산파기는 씨앗을 무작위로 흩어 뿌리고, 점파기는 좌 · 우 · 앞 · 뒤를 일정 간격을 유지하면서 뿌림.

리는 방법에 비해 농작물이 적당한 간격으로 열을 맞추어 파종하므로, 재배 중에 잡초 제거가 쉬워졌고, 가까이 붙어 있는 식물끼리 영양분을 차지하기 위해 경쟁하는 것도 줄었다. 따라서 곡물의 소출을 늘리는 데 효과적이었다.

〈트랙터〉

트랙터(Tractor)는 끌어당기는 차량 또는 견인차를 말한다. 제임스 와트에 의해 발명된 증기기관은 1850년대부터 탈곡기 등을 구동하는 데 이용되었다. 그리고 증기기관과 탈곡기를 실은 바퀴 달린 운반차를 말이 끌어 이동하면서 수확하는 기계로 발전했다. 그 이후 말이나 소 힘에 의존하지 않고, 자체 동력으로 이동하며 농작업을 하는 증기기관 트랙터로 발전했고, 이것이 현재 사용하는 트랙터의 전신이다[그림 8].

[그림 8] 말이 끌어 이동하는 증기 트랙터(좌)와 쟁기를 끄는 증기 트랙터(우)[23]

1859년 석유 산업이 미국 펜실베이니아주에서 본격적으로 시작되었고, 액체연료를 사용하는 기관(엔진)을 탑재한 가솔린 트랙터는 증

23) 일본 전국농업기계화연수연락협의회, 1991, 트랙터의 기능과 기본조작, pp.7-8.

기기관 트랙터보다 훨씬 실용적이었다. 가솔린 트랙터는 1892년에 프뢸리히(J. Froelich)에 의해 도입되었고, 미국 엔지니어 · 발명가 · 사업가인 헨리 포드는 1915년에 자동차 부품으로 실험용 트랙터를 만들어, 네브래스카 프리몬트에서 열린 쟁기 시연회에서 새롭게 디자인된 트랙터를 선보였다. 1917년에 포드는 Henry Ford & Son Inc.를 설립하여 트랙터(일명 Fordson 트랙터로 불림)를 대량 생산하였다. 1920년경부터 동력취출장치(PTO)[24]가 도입되었고, 1930년에는 디젤 기관이 탑재되고, 철차륜이 고무바퀴로 대체됨에 따라 고속주행이 가능해졌다.

미국 에이브러햄 링컨(Abraham Lincoln) 대통령(1861~1865년 재임)은 1857년 "농장 작업에 증기력의 성공적인 적용은 긴요하다. [⋯] 동물의 힘으로 할 수 있는 것보다 훨씬 더 경작이 잘 이루어질 것이 틀림없다. 게다가 적기에 더욱 완벽하게 일을 처리하는 데 필요한 모든 일을 할 수 있을뿐더러 더 싸고 빠를 것이다."라고 했다.[25] 다시 말해 농업에서 가축을 대체할 새로운 동력원의 중요성을 강조했고, 이에 대한 해결책이 바로 트랙터였다.

농업에서 트랙터와 전기동력 사용이 늘어나면서 한 사람당 작업능력이 향상됐을 뿐만 아니라 농경지의 단위면적당 생산력이 크게 증대되었다. 자유로워진 많은 농촌노동력이 타 산업에 투입되어 국가의 산업발전과 경제성장에 이바지하는 효과도 가져왔다. 그리고

24) PTO(Power Take Off, 동력취출장치)는 트랙터의 동력을 활용하는 방법의 하나로, 주로 트랙터 후방에 있고 로터리 경운작업기와 같이 회전동력이 필요한 작업기를 구동할 때 사용하는 장치임.

25) L.T. 에반스 지음, 성락춘 옮김, 2008, 백억 인구 먹여 살리기, 고려대학교출판부, p.179.

말이—한 마리를 사육하는 데 약 1헥타르의 사료작물이 필요함—트랙터로 대체됨에 따라 식량 생산에 이용하는 경지면적이 늘어났다.

다산 정약용의 3농(三農) 정책[26)]

조선이 낳은 위대한 학자 정약용(1762~1836)은 농업국가인 조선에서 농업진흥책이야말로 나라를 건지고 백성을 살려내는 가장 실용적인 방법이라 주장하고, 3농 정책을 제시하였다.

첫째는 편농(便農) 정책이다. 힘들고 고단한 농사일, 어떻게 해야 편하고 쉽게 농사를 지을 것인가. 농업의 기계화를 통한 노동력의 합리적인 운영 등으로 농정의 개혁을 주장하였다.

둘째는 후농(厚農) 정책이다. 착취 체제의 온갖 불합리한 제도를 고치고 바꿔 농민들의 수입이 후한, 즉 소득의 증대를 도모하는 정책을 펴야 한다는 것이다.

셋째는 상농(上農) 정책이다. 사농공상(士農工商)의 신분제 사회에서 선비 못지않은 신분으로 농민들의 지위를 끌어올려야 한다고 주장하였다.

〈농작업의 특징〉

농산물 생산과 공산품 생산에는 작업환경과 작업방식에 차이가 있다. 농작업은 시간과 공간에 제약받는 동시에, 작업 대상이 살아있는 생명체인 작물과 가축이다. 예를 들어 쌀 생산을 위해서는 5~6월에 무논(물이 담긴 논)에 모내기하고 9~10월에 수확한다. 이 시기를 벗어나면 수확량이 감소하고 손실량이 늘어나므로 작업효과가 떨

26) 박석무, 2005, 풀어쓰는 다산이야기, 문학수첩, pp.122-123.

어진다. 즉 농작업은 대상 작물 특성에 맞춰 제때에 이루어져야 한다. 작업할 때 농산물에 손상이나 상처가 나면 수확량이 줄고 상품성을 잃으므로 정교하고 세심한 작업이 요구된다. 그리고 농작업은 작업 대상이 있는 논·밭이나 농업시설 내에서 이동하면서 작업을 한다.

농기계가 산업기계와 다른 점을 설명하면, 첫째, 농기계는 생물체와 토양을 대상으로 작업한다. 작업 대상이 연약한 농작물과 농산물이므로 작업할 때 조심스럽게 다뤄야 한다. 또한 비가 올 때 작업하거나 무논에서 작업하는 등 작업환경의 변화가 매우 크므로, 농기계는 열악한 외부 환경에 대한 적응성과 내구성이 높아야 한다. 둘째, 농기계는 이동하면서 작업을 한다. 작물이나 가축 등 작업 대상이 넓은 장소에 분포하기 때문에, 작업자가 농기계를 작업 대상에 접근시켜 작업한다. 이에 비해 산업기계는 특정한 공간에 고정되어 있고, 작업자가 기계를 이용하여 부품·재료 등을 조립해서 제품을 생산한다는 면에서 농기계와 차이가 있다. 셋째, 농기계는 산업기계에 비해 연중 이용 일수가 짧다. 하나의 농산물 생산을 위해서는 경운·정지, 파종, 제초, 병해충 방제, 수확, 운반, 건조 등 여러 종류의 작업이 필요하고, 이들 작업은 적기(適期)에 수행되어야 그 효과를 얻을 수 있다. 이같이 농작업은 종류가 많고 짧은 기간에만 사용되기 때문에, 농기계는 산업기계에 비해 투자 대비 효용성, 즉 경제성이 낮다.

〈농업기계화의 효과〉

농기계는 사람 근력이나 축력으로 하던 농작업을 대신함으로써, 힘을 덜 들이면서 짧은 시간에 작업을 마칠 수 있다. 이는 곧 노동비용을 줄일 뿐만 아니라 적기에 작업이 이루어지므로 수확량을 높이는 장점이 있다. 요약하면 농업기계화는 노동생산성 향상, 토지생산성 향상, 그리고 중노동으로부터 해방 효과를 가져온다. 다시 말해 농업기계화는 농업 생산성 향상을 통해서 농업경쟁력을 높이는 동시에 농업인 삶의 질 향상에도 이바지한다.

노동생산성은 단위 투입 노동시간 대비 총생산량(= 총생산량/노동시간) 또는 총작업면적(= 총작업면적/노동시간)으로 정의한다. 농기계를 이용하여 농작업을 할 때, 총생산량이나 총작업면적이 늘어날수록 또는 노동시간이 줄어들수록 노동생산성이 향상된다고 한다. 노동생산성 향상은 농기계 사용의 가장 큰 목적이자 효과이다. 벼농사에서 모심는 작업을 이앙기로 하면 손으로 할 때보다 시간당 이앙면적을 수배~수십 배까지 늘릴 수 있다. 벼 수확을 콤바인으로 하면, 예취(베기) · 운반 · 탈곡을 따로따로 하던 힘든 작업을 한 번에 함으로써 노동시간과 노동경비를 크게 줄일 수 있다.

토지생산성은 단위 경지면적당 총수확량(=총수확량/경지면적)을 의미한다. 높은 수확량을 얻기 위해서는 농경지가 비옥하거나 적기에 작업이 이루어져야 한다. 예를 들어, 힘이 센 트랙터로 깊게 경운(심경)하면 얕게 갈 때보다 뿌리에 영양분 공급을 늘려 수확량이 증가하고, 때에 맞추어(적기) 이앙과 수확을 하면 수확량이 증가하고 손실이 감소한다. 가뭄이 왔을 때 양수기로 신속히 물을 공급하거나, 병해충이 발생했을 때 곧바로 농약을 살포하는 등 적기에 대처함으로써 피해를 줄일 수 있다. 이처럼 농기계를 사용하면 농작물의 특성에 맞춰 제때 작업이 가능해져서 최종적으로 농경지로부터 수확량을 높이는 효과가 있다.

그리고 농업기계를 사용함으로써 농업인은 힘든 일, 즉 중노동으로부터 해방할 수 있다. 농작업은 덥거나 추운 날에, 먼지 많은 곳에서, 또는 무논과 같은 열악한 환경에서 근력을 이용하여 작업하므로, 다른 산업의 작업환경에 비하여 에너지 소비가 많고 노동강도가 높다. 예를 들어 300평 논을 경운할 경우, 사람이 괭이를 사용하면 에너지 소비율이 60,000~70,000킬로칼로리(kcal)이고, 동력경운기에 쟁기를 부착하여 작업하면 500킬로칼로리가 소모되어 인력 작업의 1/20로 크게 줄어든다. 결론적으로 농업기계화는 노동시간 단축으로 인건비가 절감되고, 적기에 농작업이 가능하므로 수확량 증대를 가져와 농업 생산성을 높이고, 힘든 일에서 벗어나므로 농업인 삶의 질 향상에 이바지할 수 있다.

4. 품종개량과 녹색혁명

농사가 마치 자연스러운 일인 것처럼 생각하지만, 1만 년 전만 해도 농사는 아주 새롭고도 낯선 기술이었다. 초기 인류는 야생에서 채집한 식물이나 수렵한 동물을 먹고 살았다. 식량을 의도적으로 재배하기 시작한 것은 불과 최근 1만 2000년 동안의 일이었다. 자연은 야생에서 생존 가능성이 큰 형질이 살아남아 번식하는 데 비해서, 인간은 식물과 동물을 인간에게 유용하게 변형시켜 수확량을 점점 늘리고 안 좋은 품종은 태우거나 뽑아버렸다. 이러한 순환이 오랫동안 세대를 반복하는 과정을 거치면서 야생식물이 작물화되었다. 따라서 이런 동식물은 인간의 창조물이라 할 수 있다. 그중에서도 인간이 길들인 밀과 쌀과 옥수수가 대표적이다. 이들 세 가지 농작물은 문명의 기반 역할을 했으며, 오늘날까지도 인류사회를 계속 떠받치고 있다.

〈옥수수〉

농작물이 인간의 창조물이라는 점을 가장 잘 보여주는 사례가 옥수수이다. 식물은 초기 야생 상태에서 시작하여, 인간에게 적합하도록 조절된 몇 가지 특성을 가진 식물로 변형되었다. 오늘날에는 인간 도움 없이는 번식이 안 될 정도로 길들여진 식물로 발전했다.

옥수수는 멕시코 토착종인 테오신트(teosinte)라는 야생조의 후손이다. 테오신트는 두 줄의 알갱이가 두꺼운 껍질 또는 꼬투리로 둘러싸여 있다. 이 꼬투리 크기를 조절하는 유전자('TGAI'라고 불림)가 돌연변이를 일으켜 알갱이가 밖으로 노출되었다. 알갱이가 노출된 돌연변이 종(種, species)은 꼬투리 제거가 쉬웠고 먹기도 편리해졌다. 농민들은 돌연변이 옥수수 종의 알갱이를 모아 이듬해 땅에 뿌려 수확하였고 빠르게 널리 퍼트렸다.

테오신트는 줄기와 여러 개의 가지가 달려 있고, 각 가지에는 한 개의 수 꽃차례(수염)와 여러 개의 암 꽃차례(이삭)가 피어난다. 하지만 현대 옥수수는 한 개의 줄기가 있고, 맨 꼭대기에 수염이 하나 있고, 줄기의 중간부터 위쪽으로 큰 이삭이 껍데기에 둘러싸인 채로 자라난다. 일반적으로 이삭이 단 하나뿐이지만, 이삭이 두 개나 세 개인 옥수수도 있다. 테오신트는 씨앗이 작지만, 작물화된 현대 옥수수는 알이 굵다[그림 9].

[그림 9] 테오신트와 현대 옥수수의 차이

원시 농민들은 작은 이삭을 여러 개 따는 것보다는 큰 이삭을 조금 따기가 훨씬 쉬웠고, 큰 이삭에서 나온 알갱이를 씨앗으로 사용했을 것이다. 이런 방식으로 큰 이삭에 많은 알갱이를 가진 돌연변이 종이 확산되었고, 세대를 거듭해 이삭들이 점점 커지면서 안정되어 갔다. 이를테면 인간은 식물로는 열등하지만, 식량으로 우월한 또 다른 돌연변이 종을 선발·확산시킨 셈이다.

한편, 옥수수 씨앗들이 가까이에 붙어 있으면, 토양 속의 영양물을 차지하기 위한 경쟁이 벌어지고 제대로 자라지 못하는 점을 알고, 농민들이 알갱이들의 간격을 충분히 떨어지게 심었다. 이처럼 돌연변이 종들의 선택과 충분한 간격을 확보한 파종법 등 인간의 의도적인 재배관리와 농사법이 지속해서 반복되었다. 그 결과로 옥수수는 결국 야생에서 혼자 힘으로 살아갈 수 없게 되었지만, 모든 문명을 지탱하기에 충분한 식량을 제공하게 되었다.[27)]

〈쌀과 밀〉

쌀·밀은 옥수수와 마찬가지로 곡물의 낟알이다. 이들 야생 품종과 길들여진 품종 사이에는 중요한 차이가 있다. 야생 품종은 낟알이 무르익을수록 엽축(잎의 줄기)이 쉽게 부서지고, 바람이나 충격을 받으면 낟알이 흩어져 날아갔다. 이것이야말로 식물 관점에서는 종의 번식에 확실한 방법이었다. 그러나 낟알을 모으고 싶어 하는 인간 관점에서는 이런 특성이 매우 불리했다. 이에 비해 길들여진 품종은 낟알이 붙어 있는 엽축이 잘 부서지지 않는 특징이 있다.

식물 가운데 소수 종에서는 유전적 돌연변이가 일어나 씨앗이 익었는데도 불구하고 엽축이 쉽게 부서지지 않았다. 이런 엽축을 '질긴

27) 톰 스탠디드 지음, 박종서 옮김, 2012, 식량의 세계사, 웅진지식하우스, pp.17-51.

엽축'이라고 부른다. 엽축이 쉽게 부서지지 않는다면, 인간이 야생 상태에서 곡물의 낟알을 모으는 데 매우 도움이 되었다. 질긴 엽축을 지닌 돌연변이 종의 낟알을 모아 이듬해에 심어서 곡물을 수확했고, 해를 거듭할수록 질긴 엽축을 지닌 변종의 숫자가 늘어났다.

밀에서는 낟알 하나하나를 덮고 있던 단단한 꼬투리를 좀 더 쉽게 분리할 수 있게 되는 '자체 탈곡' 돌연변이 종이 생겨났다. 베어낸 밀단을 돌로 만든 탈곡장에 대고 두들길 때, 먹을 수 있는 낟알을 분리하기가 더 쉬워졌고, 탈곡했을 때 작거나 꼬투리가 붙어 있는 낟알보다는 더 크고 꼬투리도 없는 낟알이 선호되었다. 쌀은 중국 장강 계곡의 야생종을 기원으로 하고, 야생종을 길들여 알곡이 더 크고, 이삭에 달린 수염이 적고, 수확 전까지 알곡이 줄기에서 떨어지지 않고, 소출도 점점 늘어났다. 이처럼 인간이 길들이고 애지중지하며 키운 까닭에 밀과 벼는 생존을 위해 더 많이 인간에게 의존하게 되었고, 스스로 번식하는 능력조차 잃게 되었다.

농경이 시작된 이후, 인간은 동식물을 기존의 것보다 사육·재배하기 쉽고 수확량을 늘리기 위하여, 그들이 지닌 능력을 조절하고 개량하는 기술을 터득하게 되었는데, 이를 육종 기술이라 한다. 식물육종은 "식물의 이용 가치를 높이기 위해서 그 유전자형을 바꾸는 기술", "인류의 이익을 위해서 식물의 특성을 개량하는 과학기술"로 정의한다. 식물육종을 통해 개발된 새로운 품종의 단위면적당 생산량 또는 단위비용당 생산량이 기존 품종보다 높아지는 것이 육종의 가장 큰 성과이다. 농업생산의 3대 요소는 품종, 재배기술 및 환경이다. 이 중에서 육종 기술에 의해 개발된 신품종이 인류사회에 이바지하는 측면에서 재배 기술보다 높다고 알려졌다.

〈녹색혁명〉

녹색혁명이란 개발도상국에서 다수확 품종, 특히 밀과 쌀의 경이로운 생산량 증대를 가리키는 용어이다. 수확량 증가는 녹색혁명의 상징이 되었다. 세계인구는 증가와 감소가 반복돼 왔고, 이는 식량 생산량에 큰 영향을 받았다고 할 수 있다. 이를테면 인구와 식량은 높은 상관관계를 보였다. 세계 인구가 10억(1804년)에서 20억(1927년)이 되기까지 123년이 걸렸지만, 다시 30억(1959년)으로 증가하는 데는 그 1/4로 단축되었다. 당시 인구 증가에 따른 식량 공급은 경지면적을 늘려서 가능했다. 1927년과 1952년 사이에 세계의 경작지가 40퍼센트에서 최대 53퍼센트까지 늘어났다. 그 이후 경지면적의 확장은 한계에 달했기에 단위면적당 곡물 수확량을 높여야 했다. 그러나 1943년의 벵골과 1950~1961년 중국에서는 3천만 명이 굶주림으로 죽어가는 등 기근은 여전히 사라지지 않았다.

20세기 초기에, 멕시코는 주곡인 옥수수와 콩을 비롯한 농산물 생산량이 인구 증가를 따라가지 못하는 위기가 시작됐다. 더욱이 밀 줄기녹병은 1939~1941년 밀 농사에 큰 타격을 입혔다. 이때 미국 록펠러재단의 후원으로 멕시코 농업계획(Mexican Agricultural Program) 사업이 시작되었다. 미국 농학자 노먼 볼러그(Norman E. Borlaug)는 1944년부터 밀에 매우 전염성이 강한 곰팡이인 줄기녹병을 해결하는 연구 프로젝트에 참여하여, 20여 년 동안 수많은 병 저항성 품종과 다수확 밀 품종을 개발하는 큰 성과를 냈다.

볼로그는 원래 8년 정도 걸려야 여러 세대를 거쳐 녹병균에 저항성 있는 품종을 개발할 수 있을 것으로 예상했다. 개발 기간 단축을 위해 식물육종의 원칙을 어기고, 왕복 육종(Shuttle breeding)[28)]을 1945년에 세계 최초로 도입하였다. 이 방법을 통해 두 세대의 밀을 한 해에 재배하는 등 단기간에 수많은 시험이 가능했다. 그 결과 줄기녹병에 저항력 있는 품종의 육종에 성공했다. 1950년부터 신품종 밀을 농가에 보급했고, 멕시코는 1956년까지 밀 생산을 자급자족하게 되었고, 밀 생산량은 1945년에 비해 4배 증가했다. 왕복 육종은 지역 간 이동에서 국가 간 이동으로 확대되어 한 해에 대여섯 세대를 번식시킴으로써, 전 세계의 품종 개발 속도를 크게 단축하였다.

그러나 새로 개발된 품종에 비료를 주어 기르면 밀이 웃자랐고, 그러면 줄기가 씨앗의 무게를 이기지 못하고 쓰러지는 또 다른 문제가 발생했다. 농민들은 줄기에는 에너지를 최대한 덜 쓰고 낟알에 최대한 많이 쓰는 품종을 원한다. 수확기에 이르러 쓰러지는 문제를 해결하기 위해, 볼로그는 일본에서 개발된 키가 50센티미터 정도로 작아 잘 쓰러지지도 않으면서 씨앗을 많이 맺는 밀 품종 '농림(農林, Norin)10호'[29)]를 입수하여, 이를 모체로 앞서 개발한 멕시코 밀 품종과 교배하여 1956년에 다수성 반왜성 밀 품종 '소노라' 개발에 성공하

28) 왕복 육종 : 처음(5~10월) 엘 바히오에 심은 밀에서 얻은 종자를 소노라의 밭에 심어 같은 해에 두 번째(11~4월) 수확하여 개발 기간을 단축하는 동시에 다양한 조건에서 자랄 수 있는 신품종을 육성하는 방법임. 또한 그동안 종자가 발아하기 전에 동면(冬眠)이 필요하다는 생물학의 기본 법칙에 벗어난다고 주장하는 동료들의 반대에도 불구하고 추진하여 성공시켰음.

29) 농림 10호는 왜성(dwarf) 유전자를 가지고 있어 키는 작으면서 수확량이 많았고, 우리나라 재래종('앉은뱅이 밀'로 불림) 밀을 개량한 품종으로 알려져 있음.

였다. 이 품종은 생산성이 높고, 녹병에 저항력이 강하고, 물과 비료를 많이 줘도 웃자라지 않고 잘 쓰러지지 않는 등의 여러 장점이 있다.[30)]

볼로그, 해러, 스태크머, 보밀, 이나즈카(일본 농림 10호 개발자)와 같은 농학자들 덕분에 멕시코의 1965년 밀 생산량은 1945년에 비해 열 배 증가했다. 1헥타르당 밀 수확량은 야생 밀에서는 0.25톤에 불과하였으나, 작물화된 기원전 1만 년에는 1.25톤으로 증가했고, 볼로그가 개발한 밀 품종이 보급된 1965년이 되었을 때 15톤으로까지 획기적으로 증가했다. 야생 밀에 비해 약 60배나 소출이 늘었다. 볼로그는 이 공로를 인정받아 1970년에 노벨평화상을 받으며, "모든 인류를 위해 식량을 공급하고 싶다"라고 말했다. 그러나 그렇게 하지 못했다.[31)] 녹색혁명은 장점이 많음에도 불구하고 영양을 공평하게 공급하지 못하는 식량 시스템을 만들었다. 어떤 곳에서는 과잉섭취가 심각하고, 어떤 곳에서는 영양실조가 심각하다. 과잉섭취와 영양실조를 동시에 겪는 사람도 있다.[32)]

20세기부터 비농업 분야의 농업에 대한 투자가 증가하였고, 농업에서도 타 산업에 대한 수요가 늘었다. 석유와 전기가 농업의 동력원이 되어 사람 근력과 축력을 대신하게 되었다. 질소비료와 기타 화학비료들도 점차 퇴비를 대체해 갔다. 혁신적인 살충제, 살균제 그리고 제초제가 신속히 해충과 잡초를 방제하는 데 중요한 역할을 하게 되

30) NHK 취재반 저, 김인환 역, 1987, 한 알의 종자가 세계를 바꾼다, (사)농진회, pp.36-39.
31) 롭 던 지음, 노승영 옮김, 2018, 바나나 제국의 몰락, 반니, pp.166-181.
32) 아만타 리틀 지음, 고호관 옮김, 2021, 인류를 식량위기에서 구할 음식의 모험가들, 세종, pp.39-41.

었다. 농민들은 교잡종 옥수수의 경우와 마찬가지로 자신들이 뿌리는 종자를 농장 밖에서, 이를테면 종자 회사로부터 구매해서 사용하기 시작했다. 다수확 밀 품종의 보급 확대와 더불어 비료와 농약의 대량 투입, 관개시설의 도입, 대형 농기계 사용 증가와 같은 새로운 농법이 정착되면서 세계적으로 식량 생산량이 획기적으로 증가하였고, 이를 녹색혁명이라 부르고 있다.

그러나 새로운 녹색혁명 농법이 도입되면서 지구 환경 오염의 양상이 크게 달라졌다. 밭에 뿌린 비료는 작물에만 영양을 공급하는 것이 아니라 강과 호수, 최종적으로 바다 조류의 먹이가 되었다. 살충제는 작물을 먹는 해충만 죽이는 것이 아니라 해충을 먹는 익충까지 죽였다. 살충제를 무분별하게 살포하면 그 밖의 동물도 죽였다. DDT(유기 염소 계열의 살충제)가 살포되자 새알의 껍질이 얇아졌다. 사람들도 피해를 당하였다. 제초제도 비슷한 문제를 일으켰다. 1970년대 이후 이 같은 모순을 깨닫고, 이를 해결하기 위한 범국가적 차원의 활동이 활발했다. 1990년대 이후 환경보존농업, 정밀농업, 지속 가능한 농업이 그 대안으로 부상하였다. 훗날 볼로그는 60년간 지속된 기아퇴치운동을 회고하며 이렇게 썼다. "기존 요인들, 이를테면 품종, 비료, 시기적절한 잡초방제, 최적의 관개 일정이 결합해 큰 변화를 만들어낸 것이다. 품종 하나만으로 이루어낸 마법이 아니었다. 지대한 효과를 거두기 위해서는 모든 요소가 결합해 제 역할을 해야 한다."[33]

전 세계인의 주요 식량작물인 벼 · 밀 · 옥수수 · 감자 등의 품종개량을 통해서 생산량이 매우 증가하여 그동안 폭발적으로 늘어난 인

33) 루스 디프리스 지음, 정서진 옮김, 2018, 문명과 식량, 눌와, pp.238-255.

구를 부양할 수 있었다. 특히 1960~1970년대에 반왜성 다수성 밀 품종과 벼 품종, 다수성 1대 잡종 옥수수 품종 등의 육성 보급은 개발도상국 국민의 굶주림을 해결하는 데 큰 역할을 함으로써 녹색혁명이 성취되었다. 우리나라도 1970년대 초에 다수성 벼품종 '통일'이 육성 보급된 후 쌀 자급을 달성하였고, 이를 계기로 대대로 이어오던 배고픔과 보릿고개[34]가 사라졌다.

34) 보릿고개 : 지난해 가을 수확한 식량이 모두 떨어지고 보리가 여물지 않은 5~6월의 식량 사정이 매우 어려운 시기를 의미하고, 춘궁기(春窮期) · 맥령기(麥嶺期)라고도 함.

참 / 고 / 문 / 헌

1. 롭 던 지음, 노승영 옮김, 2018, 바나나 제국의 몰락, 반니, pp.166-181.
2. 루스 디프리스 지음, 정서진 옮김, 2018, 문명과 식량, 눌와, pp.238-255.
3. 박석무, 2005, 풀어쓰는 다산이야기, 문학수첩, pp.122-123.
4. 박지향, 2018, 제국의 품격 -작은 섬나라 영국은 어떻게 세계를 지배했는가-, 21세기북스, pp.107-118.
5. 아만타 리틀 지음, 고호관 옮김, 2021, 인류를 식량위기에서 구할 음식의 모험가들, 세종, pp.39-41.
6. 유발 하라리 지음, 조현국 옮김, 2015, 사피엔스, 김영사, p.144.
7. 이영림 · 주경철 · 최갑수, 2011, 근대 유럽의 형성 : 16-18세기, 까치, pp.39-62.
8. 일본 전국농업기계화연수연락협의회, 1991, 트랙터의 기능과 기본조작, pp.7-8.
9. 톰 스탠디드 지음, 박종서 옮김, 2012, 식량의 세계사, 웅진지식하우스, pp.17-51.
10. 피터 매니시스 지음, 이수연 옮김, 2011, 인류의 역사를 바꾼 위대한 과학적 발견들 100 디스커버리, 생각의 날개, pp.30-33.
11. 후지이 가즈미치 지음, 염혜은 옮김, 2020, 흙의 시간 : 흙과 생물의 5억년 투쟁기, 눌와, pp.191-199.
12. 현해남, 2019, 흙과 비료 이야기, 농민신문사, pp.42-43.
13. 홍성표, 2012, 중세 영국사의 이해, 충북대학교출판부, pp.243-249.
14. L.T. 에반스 지음, 성락춘 옮김, 2008, 백억 인구 먹여 살리기, 고려대학교출판부, pp.145, 179.
15. NHK 취재반 저, 김인환 역, 1987, 한 알의 종자가 세계를 바꾼다, (사)농진회, pp.36-39.

지 · 속 · 가 · 능 · 한 · 농 · 업

연습문제와 토론사항

1. 다음 용어를 설명하시오.
   - 윤작법
   - 노동생산성
   - 토지생산성
   - 녹색혁명(green revolution)

2. 유럽의 삼포제(three-field system)에 대해 설명하고, 이 같은 윤작법의 효과에 대하여 설명하시오.

3. 공기 중의 질소가 식물을 흡수해서 이용할 수 있는 다른 형태로 바뀌는 과정, 즉 질소 고정(fixation)에 대하여 설명하시오.

4. 최초의 농기구인 쟁기와 1700년경 영국에서 개발한 파종기를 사용했을 때, 각각의 효과 또는 장점을 설명하시오.

5. 농기계의 특징을 산업기계에 대비하여 설명하고, 농업기계화의 효과를 설명하시오.

6. 다수성 밀 품종과 벼 품종 개발 · 보급으로 곡물생산량을 획기적으로 높인 녹색혁명이 인류사회에 이바지한 점(장점)과 문제점(단점)을 설명하시오.

7. 녹색혁명이 1960~70년대 세계 기아해결에 크게 기여했다고 평가받고 있는데도 불구하고 빈곤과 기아로 고통받는 인구가 늘어나고 있다. 그 해결방안을 토론하시오.

AGRICULTURE

지 속 가 능 한 농 업

디지털 시대, 스마트 농업

P A R T 03

AGRICULTURE

PART 3 디지털 시대, 스마트 농업

농업은 다양한 위기 상황에 직면하고 있다. 인구 증가, 자원 부족, 농경지 감소, 기후변화, 식량 안보 등이 그 예이다. 구체적으로 오늘날 농업·농촌은 급격한 인구감소와 노동력 부족, 상대적인 낮은 소득, 힘들고 열악한 작업환경, 그리고 청장년층의 농업 기피와 같은 다양한 어려움을 겪고 있다. 1990년대 인터넷이 등장한 이후 비약적으로 발전한 정보통신기술(ICT)을 관행 농업기술에 접목하여 농업 생산성과 농작업 효율성을 획기적으로 높인 '스마트 농업'이 대안으로 부상하였다.

미래의 농업은 무엇이 달라질까? 이 질문에 답할 때 결코 빠실 수 없는 것이 4차 산업혁명일 것이다. 최근 ICT와 디지털 기술을 기반으로 한 4차 산업혁명은 관행 농업을 스마트 농업으로 한 단계 높였다. 스마트 농업은 센서와 사물인터넷(IoT) 등으로 데이터를 수집하고, 수집된 방대한 양의 빅데이터(Big Data)를 인공지능(AI)으로 분석하고, 그 결과를 클라우드 시스템에 탑재하고, 클라우드에서 농업 로봇, 농업 드론, 자율주행 농기계, 식물공장, 농작업 제어 앱 등에 명령 신호를 보내 최적으로 조절하는 첨단농업이다.

스마트 농업은 생산 단계에 그치지 않고, 유통, 소비 등 농업 전후

방산업까지 확대해야 시너지 효과를 낼 수 있다. 생산 부문에서는 노동력 · 에너지 · 농자재 절감, 수확량 증가 및 품질향상 등의 효과가 있고, 유통에서는 물류비 절약, 원산지 표시, 수급 안정 등에서, 소비에서는 안전한 농산물의 소비, 소비자 수요를 반영한 소량 · 다품목 생산, 규격 다양화 같은 효과를 가져온다. 요약하면 스마트 농업은 농작업 생력화(기계화 · 자동화로 작업시간과 노동력을 줄임), 정밀한 작업(환경과 생육데이터를 실시간으로 수집 · 분석하여 의사결정 및 실행), 자원의 절약과 효율성 향상(에너지 · 물 · 비료 · 농약의 적정량 투입)을 통해 농업 생산성 증대, 농업경영의 효율화, 농식품의 품질 · 안전성 향상에 이바지한다. 나아가 농업을 매력 있는 미래성장산업으로 도약시킬 것이다.

이 장에서는 기술 사이클, 3차 · 4차 산업혁명, 스마트 농업의 핵심기술인 사물인터넷 · 빅데이터 · 인공지능의 정의, 특징, 국내외 적용사례를 소개하고, 스마트 농업의 응용기술에 해당하는 농업 로봇 · 정밀농업 · 식물공장 · 농업 드론의 특성, 국내외 기술현황, 적용사례와 파급효과를 살펴본다.

1. 산업혁명과 스마트 농업

기술 사이클과 산업혁명[1)]

〈항해술〉

세계 발전사에서 글로벌 패권국은 항상 혁신 기술을 선도했다. 16세기 '대항해시대'의 글로벌 패권국은 포르투갈과 스페인이었다. 이들 국가가 패권국으로 될 수 있었던 주요인은 항해술이었다. 항해술 발전이 아메리카 대륙 발견과 대서양 시대를 열었고, 당시 해상에서 상업활동이 포르투갈과 스페인 경제를 견인하였다. 신대륙 혹은 식민지로부터 은의 대량 유입에 따른 자본 축적, 대농장 증가, 이민 증가 등은 유럽에 국한된 경제 체계를 벗어나 최초로 글로벌 공급망 체제로 변화시켰다.

〈조선 기술〉

배를 만드는 기술 발전은 네덜란드를 새로운 글로벌 패권국으로 올려놓았다. 1650년경 네덜란드는 영국, 스페인, 포르투갈, 독일 상선을 합친 수보다 많은 상선을 보유했다. 청어잡이 어선을 빠르게 건조해야 했던 필요성이 자연스럽게 조선 기술 발달로 이어지면서, 네덜란드는 17세기 말 영국보다 훨씬 낮은 비용으로 선박을 건조하였다. 앞선 조선 기술과 풍부한 상선 보유로 아메리카와 아시아에서 왕성한 무역 및 상업활동을 넓히면서 부를 축적하였다.

1) 박상현 · 고태봉, 2021, 테크노믹스 시대의 부의 지도, 메이트북스, pp.109-123.

〈1차 산업혁명〉

네덜란드 다음으로 글로벌 패권국이 된 영국은 스페인, 네덜란드와의 전쟁에서 승리하면서 유럽 해상패권을 차지하는 동시에 식민지 경쟁에서도 우위를 점하였다. 영국이 100년 가까이 해가 지지 않은 제국을 유지할 수 있었던 주 동력원은 증기기관 발명을 계기로 1780년대에 시작된 1차 산업혁명이다. 기계가 인력을 대체하는 시대가 열렸다. 그리고 증기기관차는 지역과 지역을 연결하였다. 영국 제조업은 식민지에서 들어온 원자재를 증기기관 동력으로 상품을 대량생산하여 식민지 등에 파는 본격적인 글로벌 공급망 시대를 열었다. 당시에 전신과 철도의 발전도 상업, 정보, 금융, 물류, 노동시장 등을 비약적으로 발전시켰고, 영국은 확실한 글로벌 패권국으로 위상을 차지했다.

〈2차 산업혁명〉

1차 세계대전으로 인해 영국 경제가 쇠퇴하고, 이후 미국이 글로벌 패권국이 됐다. 미국에서 발전기와 전동기가 발명되면서 1870년대에 2차 산업혁명이 일어났다. 전기기관 발명으로 석탄 산지로부터 멀리 떨어진 곳에서도 전기에너지를 공급받아 공장을 가동할 수 있게 되고, 분업과 기계화에 기초한 대량생산 시스템이 확산하였다. 또한 대륙횡단 철도에 의해 서부 개척과 태평양 시대가 개막되고, 2차 산업혁명에 기반한 각종 신제품 개발과 대량생산 · 대량소비 시스템은 미국을 글로벌 패권국으로 도약하는 데 결정적인 역할을 했다.

〈3차 산업혁명〉

1970년대부터 반도체, 컴퓨터, 인터넷 등 정보통신기술(Information and Communication Technology : ICT)이 도입되면서 노동집약적 작업에 의존하던 생산시스템을 자동화할 수 있었다. 더구나 인터넷, 이동통신 등을 통해 세계가 하나로 연결되는 기반이 마련되었다. ICT 기술 발전이 산업생산성을 크게 높였을 뿐만 아니라 아날로그 시대/경제를 디지털 시대/경제로 전환하는 토대가 되었다. ICT 기술 발전 과정은 크게 7단계로 구분할 수 있다.[2)]

- 1단계(1976~1985) : 개인용 컴퓨터(PC) 혁명. 마이크로소프트 창업(1975)과 애플컴퓨터 창업(1976), IBM PC 출시(1981), 3차 산업혁명이 시작
- 2단계(1985~1995) : 소프트웨어 혁명. 마이크로소프트 윈도우 1.0(1985)과 윈도우 95(1995) 출시
- 3단계(1993~1999) : 인터넷 혁명. 검색 포털 업체 출현, 아마존(1995), 이베이(1995), 구글(1999) 등 인터넷 기업 창업
- 4단계(1999~2006) : 검색과 소셜(SNS) 혁명. 스마트폰과 소셜 혁명의 태동기, 페이스북 창업(2004), 유튜브 창업(2005, 2006년에 구글이 인수)
- 5단계(2007~2010) : 스마트폰 혁명. 아이폰 출시(2007)와 스마트폰 보급으로 IT 시대가 도래하고, 이때부터 진정으로 온라인과 디지털 시대가 열려 인류 삶에 혁신적인 변화를 가져옴

2) 정지훈, 2020, 거의 모든 IT의 역사, 메디치미디어.

- 6단계(2010~2016) : 클라우드와 소셜 웹 혁명. 4차 산업혁명의 출발기, 페이스북(Facebook), 아마존(Amazon), 애플(Apple), 넷플릭스(Netflix), 구글(Google) 등 플랫폼 경제 전성기
- 7단계(2016~) : 5G, AI, IoT 및 모빌리티. 4차 산업혁명의 본격화, 혁신기술 및 디지털경제로 경제 패러다임 전환이 가속화

〈4차 산업혁명〉

ICT와 디지털 기술을 기반으로 21세기 시작과 동시에 4차 산업혁명[3])이 출현하였다. 앞에 있었던 3차 산업혁명은 수집된 데이터를 이용하여 인간이 모델화하고, 인간이 개발한 모델에 의해 작업을 자동화하는 것이었다. 이에 비해 4차 산업혁명은 IoT 등으로 데이터를 수집하고, 수집된 방대한 양의 빅데이터를 인공지능으로 분석하고, 분석된 정보를 클라우드 시스템에 탑재하고, 클라우드에서 농업 로봇, 농업 드론, 자율주행 농기계에 명령 신호를 보내 작업을 하게 하는 측면에서 3차 산업혁명과 차이가 있다[그림 1].[4]) 그리고 [그림 2]는 인류의 산업혁명 과정을 요약한 것이다.

3) 4차 산업혁명은 제46차 세계경제포럼 연차총회(2016년 1월)의 주제인 '4차 산업혁명(the 4th Industrial Revolution)의 이해'에 대한 논의에서, 일부 산업현장에서 일어나고 있는 제조와 빅데이터, 인공지능의 결합이 혁명적인 경쟁력 향상을 가져올 것이라는 의미에서 붙여진 명칭.

4) 김연중 · 박지연 · 박영구, 2017, 4차 산업혁명에 대응한 스마트농업 발전방안, 한국농촌경제연구원 R820, pp.11-17.

[그림 1] 3차 산업혁명과 4차 산업혁명의 차이

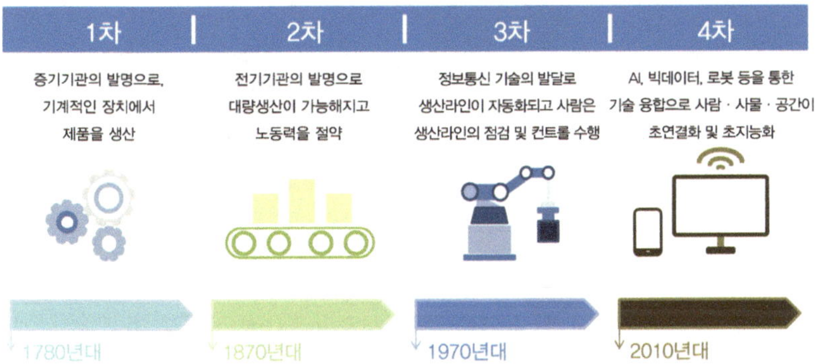

출처 : 한국과학기술기획평가원, 이슈분석 : 4차 산업혁명과 일자리의 미래(2016)

[그림 2] 산업혁명의 역사적 전개

스마트 농업

오늘날 농업은 농촌의 급격한 인구감소 및 고령화와 노동력 부족, 농산물의 상대적으로 낮은 부가가치, 힘들고 열악한 작업환경으로 인한 청장년층의 농업 기피 등으로 어려움을 겪고 있다. 게다가 지구 온난화에 의한 기후변화의 심화, 식량자급률 하락, 농가소득 정체, 소비자의 고품질 · 안전 농산물 수요 증가에 따른 먹을거리의 안정적 확보와 농업 생산성 향상을 위한 대안 마련이 필요하다. 유엔(UN)은

2050년 세계인구를 97억 명으로 전망했다.[5] 국제식량농업기구(FAO)는 지속 가능한 농업을 위해 농업과 ICT 기술을 융합한 역량개발에 집중 투자가 필요하고, 농업에서 ICT의 역할을 [그림 3]과 같이 제시하였다.[6]

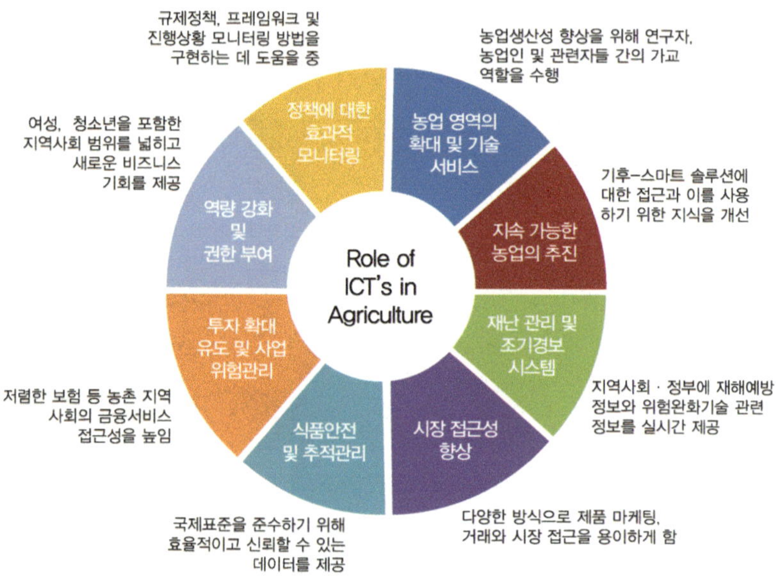

[그림 3] **농업에서 ICT 기술의 역할**

여러 당면문제 해결을 위해, 1980년대 이후 ICT 기술이 농업에 접목되면서 "정밀농업 → 스마트 팜 → 스마트 농업"으로 빠르게 발전하고 있다[그림 4]. 단기간에 이런 용이들을 혼용해서 사용함에 따라 모호한 점이 있으나, 다양한 디지털 기술을 도입 · 활용하여 농업의

---

5) UN Department of Economic and Social Affairs, 2019.
6) FAO, 2020, e-Agriculture Strategy Guide(http://www.fao.org/in-action/e-agriculture-strategy-guide/en/).

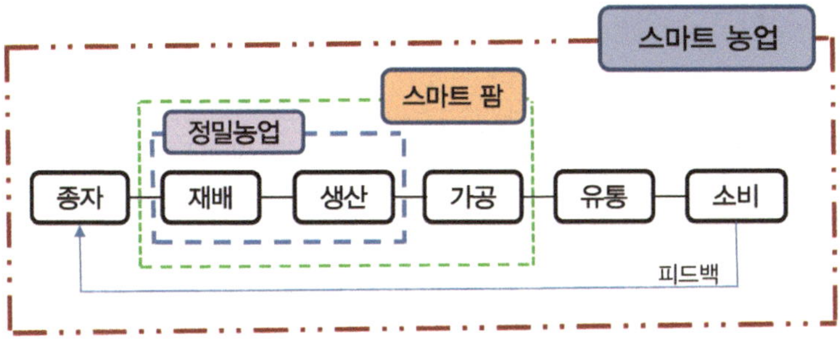

출처 : 농촌진흥청 디지털농업추진단

[그림 4] **정밀농업, 스마트 팜 및 스마트 농업**

생산성, 효율성, 지속 가능성, 그리고 농촌 삶의 질을 향상한다는 점에서는 큰 차이가 없다.[7] 농림축산식품부와 농촌진흥청에서는 '스마트 농업'을 농업의 생산성 · 품질 향상과 경영비 · 노동비 절감 등을 위하여 농업 분야에 정보통신기술과 같은 첨단 기술을 접목한 농업으로 정의하고 있다.

- (정밀농업) 첨단 기술을 활용하여 농경지 위치별 상태에 맞춰 농자재(물, 비료, 농약, 에너지 등)를 적정량 투입하여 농업 생산성(비용과 노동력의 절감)을 극대화하면서 환경부담을 줄이는 농업
- (스마트 팜) ICT 기술을 시설원예 · 축산 · 노지 농업 등에 접목하여 농업 생산성과 농작업 효율성을 높이는 농업으로, 주로 자동화와 원격제어가 가능한 스마트 온실, 스마트 과수, 스마트 축사 등에서 적용하고 있음

7) 박지연 · 서대석 · 이정민, 2021, 농업전망 2021, 한국농촌경제연구원, pp.163-170.

– (스마트 농업) 전통 농업과 대비되는 개념으로, 디지털 기술을 종자에서부터 생산, 유통, 소비 등 농업 전후방산업을 포함한 가치사슬(value chain)인 전(全) 단계에 접목하는 데이터 기반의 융복합 농업(Farm to Fork)을 말함. 이를테면 농업 전 과정에서 정밀농업이나 스마트 팜보다 데이터를 적극적으로 활용하여, 농업의 생산성 · 효율성 · 지속 가능성을 높이는 동시에 자원 사용을 최적화하는 농업

디지털 시대에 4차 산업혁명 기술을 농업에 융복합한 스마트 농업에 주목하고 있다. 스마트 농업은 농산물 생산에서부터 유통, 소비, 관리 및 경영까지 ICT 활용이 빠르게 확산하면서 새로운 비즈니스 모델을 창출하고, 여러 분야에 걸쳐 미치는 파급효과가 크다. 생산 부문에서는 노동력과 농자재의 절감, 농산물의 단위면적당 수확량 증가와 품질향상을 가져오고, 유통 부문에서는 물류비 절감, 원산지 표시, 수급 안정 등이 실현된다. 소비 부문에서는 농산물 이력추적제 도입으로 안전한 농산물의 구매 · 소비가 가능하고, 소비자의 수요가 생산에 반영되어 다품목 · 소량 생산과 다양한 규격품 생산도 가능하다.

디지털 시대에 농업 생산 시스템이 과거 '경험 기반'에서 점차 '빅데이터 기반 예측관리'로 전환되고 있다. 즉 농민의 직 · 간접적인 경험과 전문지식(knowhow)에서 벗어나 데이터의 분석, 예측, 맞춤 처방으로 생산 상황에 따라 능동적인 대처가 가능하다. 따라서 데이터의 활용 여부가 미래 농업의 경쟁력을 좌우할 전망이다. 요약하면 스

마트 농업은 체계적인 데이터 관리에 의해 불확실성이 감소하고, 생산성과 수익성이 향상될 뿐 아니라 물과 비료, 에너지와 같은 자원의 소비를 최소화할 수 있다. 동시에 정밀 데이터를 통해 원인 분석과 해결방안을 도출하여 기술적 난제를 해결하고 있다.

스마트 농업 도입과정에서 나타난 문제점과 보급 부진에는, 1) ICT, 사물인터넷 및 로봇의 초기 투입비용 대비 효과에 대한 신뢰가 아직 낮고, 2) 각 기기의 데이터 형식이 서로 달라 소프트웨어나 데이터 형식의 표준화가 미흡하며, 3) 스마트 농업 실행에는 인력 육성과 교육이 필요한데, 높은 비율을 차지하는 고령 농업인에게는 디지털 기기의 활용이 어렵고, 4) 농가에 새로운 부담(자금, 시간, 기술)이 생기며, 5) 스마트 농업으로 생산된 농산물 품질을 낮게 평가하는 고정관념 등을 이유로 들 수 있다.

4차 산업혁명 기술은 크게 기반기술, 핵심기술, 응용기술로 구분할 수 있다. 기반기술은 주로 인프라 구축에 해당하고, 컴퓨터 용량을 크게 하는 하드웨어와 알고리즘 성능을 개선하는 소프트웨어를 포함한다. 핵심기술은 스마트 농업을 구현하는 데 공통 필수기술인 사물인터넷(IoT), 빅데이터, 인공지능(AI) 등으로 구성된다. 그리고 응용기술은 수요자 농업인이 직접 활용하는 기술로 농업 로봇, 정밀농업, 식물공장, 농업 드론, 자율주행 농기계와 이를 운영하는 소프트웨어 등으로 구성된다[그림 5].[8]

---

8) 서대석 · 김연중 · 김의준, 2020, 농업 경쟁력 제고를 위한 정밀농업체계 구축 방안, 한국농촌경제연구원 R904, p.15.

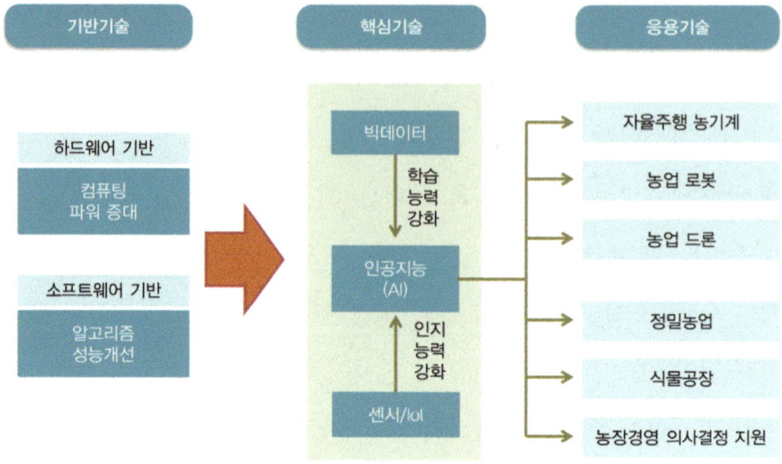

[그림 5] 디지털농업의 기술 체계[9]

9) 김연중 · 박지연 · 박영구, 2017, 4차 산업혁명에 대응한 스마트농업 발전방안, 한국농촌경제연구원 R820, p.15. (*응용기술 내용의 일부를 변경하였음)

2. 스마트 농업의 핵심기술

사물인터넷

〈정의〉

사물인터넷(Internet of Things : IoT)이란 "사물(객체)이 인터넷을 통해 서로 연결되는 것"을 의미한다. 구체적으로는 센서나 통신 기능이 내장된 사물 또는 장치들(devices)이 인터넷에 연결되어 주변의 정보를 수집하고, 이 정보를 다른 장치들과 공유·활용하여 적정한 의사결정을 내리는 데 도움을 준다[그림 6]. IoT 기술이 범용화되면, 사물을 편리하게 조종할 수 있고, 효율성과 편리성이 향상되고, 나아가 새로운 비즈니스 창출도 가능하다.

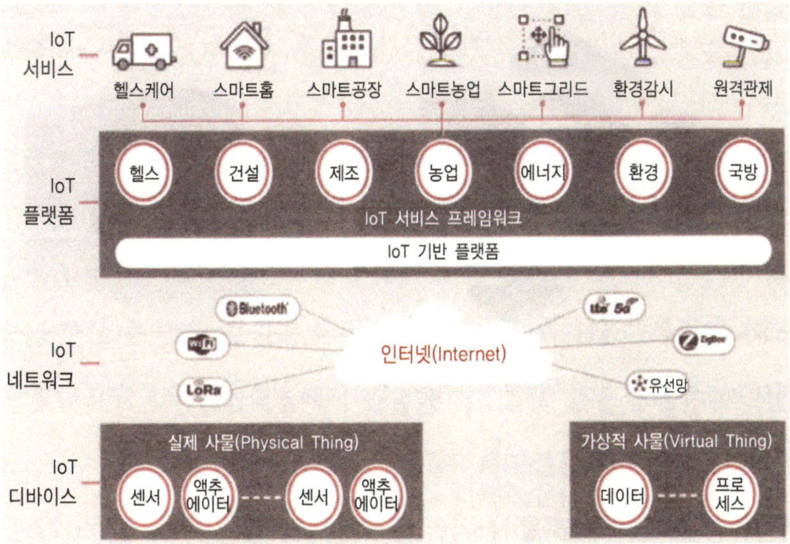

[그림 6] IOT의 구성[10)]

사물인터넷은 오래전부터 유비쿼터스라는 용어로 알려졌었고, M2M(Machine to Machine)에서 IoT를 거쳐 최근에는 IoE(Internet of Everything)까지 개념이 확장되고 있다.

〈사례〉

사물인터넷이 광범위하게 활용되고 있는 분야는 원격 모니터링 기술이다. 기업은 자동차, 컨테이너에 센서와 송수신기 혹은 전자태그(RFID)[11]를 부착하여 자동차 이동 경로와 위치의 실시간 추적이 가능하다. 소비자 역시 물품의 배송상황을 확인할 수 있다. 도시 주변의 밝기에 따라 가로등 밝기를 자동 조절하고, 교통 상황, 주변 상황 및 주차 공간 등을 자동차에 알려 효율적으로 주행하도록 하고 있다. 웨어러블(wearable) 센서를 몸에 장착하면, 운동량, 심박수, 호흡수 등에 기초한 건강 상태를 실시간으로 파악할 수 있고, 상황에 따라 사전 예방이나 조기 치료도 가능하다.

사물인터넷 기술 발전으로 커넥티드 카(Connected car) 기능이 점차 고도화되고 있다. 커넥티드 카란 자동차에 센서와 전자 장비를 장착하고, 무선 네트워크를 통해 내외부 양방향을 연결하여 운전자의 편의와 교통안전을 돕는 시스템을 갖추고 있다. 스마트폰을 차량 시스템과 연결하여 스마트폰에 설치된 애플리케이션(App)으로 차량을

10) 박상현 · 고태봉, 2021, 테크노믹스 시대의 부의 지도, 메이트북스, p.210.

11) RFID : 무선 주파수(RF, Radio Frequency)를 이용하여 사물을 식별(IDentification)할 수 있도록 해주는 기술임. RFID는 안테나와 칩 형태의 RFID 태그에 정보를 저장하여 적용 대상에 부착한 후 RFID 리더를 통하여 정보를 인식하고, 교통카드, 고속도로 하이패스, 도서관 책 대출 등에서 활용.

제어하고, 주행 중 운전자의 졸음을 인지하여 경보를 주고, 차량 작동상태를 확인한다. 위급한 상황에는 음성인식을 통해 119를 부르는 등 다양한 기술도 제공한다[그림 7].

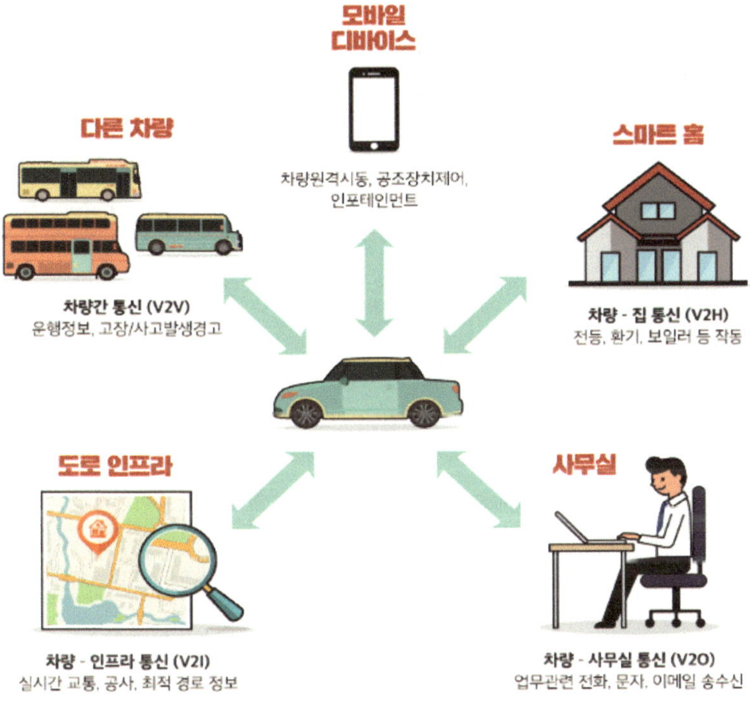

출처 : 삼성디스플레이 뉴스룸

[그림 7] 커넥티드 카의 기능과 개념

SK텔레콤은 2019년부터 서울시와 공동으로 '차세대 지능형 교통 시스템(Cooperative Intelligent Transport Systems, C-ITS)'을 개발하여 2021년 6월 실증시험을 마쳤고, 본격 상용화를 준비하고 있다[그림 8]. 서울 시내 중앙버스전용차로 중심으로 151킬로미터에 달

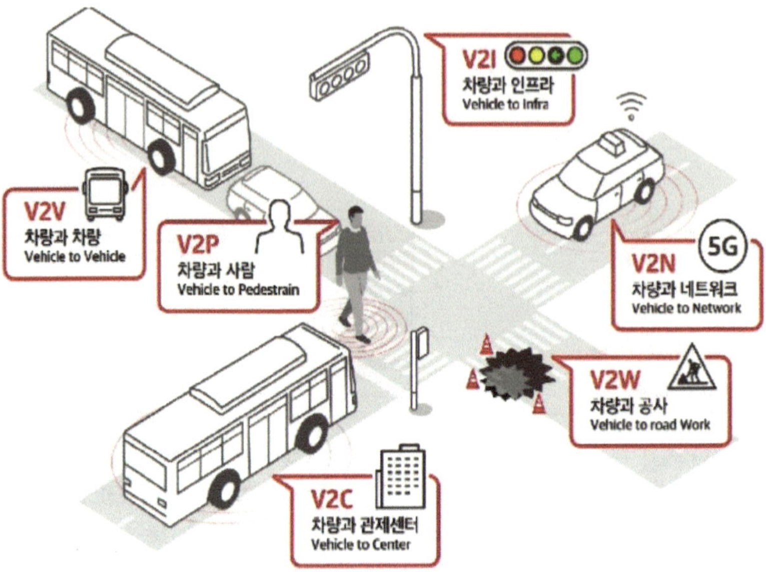

출처 : SK텔레콤

[그림 8] 서울시 C-ITS 사업

하는 주요 도로와 신호등에 1,735개의 5G 센서를 설치하고, 시내버스 1,600대와 택시 100대에 5G 첨단 운전자 지원 시스템(Advanced Driver Assistance System, ADAS)을 장착했다. 여기서 ADAS는 센서가 위험한 상황을 감지하여 사고 위험을 운전자에게 경고하고, 운전자가 판단하여 대처할 수 있도록 도와주는 안전장치이다. 또한 서울시는 실시간으로 수집한 도로 정보와, 주행 차량과 교환한 교통정보를 수집하는 동시에 특정 지점을 지나는 차량에 관련 정보를 전달하고, 주요 도로에 스마트 교차로, 긴급상황 우선 신호, 스마트 건널목, 회전교차로 진입 지원 시스템 등을 운영할 방침이다. KT는 2018년부터 제주에서 C-ITS 실증사업을 추진하고 있다. 이 시스템에 기반한 차량 운행으로 상황에 따라 감속, 정지, 차선 변경이 가능하며, 운전자의 약 83퍼센트가 교통사고 감소뿐만 아니라 교통안전 증진 효과를 거두었다.

영국의 M42 고속도로에 지능형 교통시스템을 구축한 결과, 통행시간을 25퍼센트 단축하고, 교통사고도 50퍼센트 감소하였다.[12] 미국의 제너럴일렉트릭(GE)사는 항공기 엔진, 발전용 터빈, 철도차량 등을 생산하면서 비행기, 발전기 및 철도차량에 각종 센서를 설치하여 생산하고 있다. 이 같은 IoT 시스템으로 모든 운행상황이나 가동상황을 실시간으로 모니터링 · 분석하여 고장을 사전 예방하는 동시에 가동률을 높이고 있다.

〈농업 IoT〉

IoT는 농작업을 담당하는 농기계와 농업시설의 장치 · 기기 구동에 핵심 역할을 하고, 그 활용이 빠르게 확대되고 있다. 현재 식물공장이나 온실 환경제어시스템, 자율주행 농기계, 농업 로봇, 정밀농업 분야에서 IoT 기술을 도입한 기술개발과 실용화가 활발하다. [그림 9]는 농업 IoT의 개념도이다. 그러나 농업 IoT는 자동차, 에너지, 의료 등 다른 분야에 비해 기술 장벽이 높은 편이다. 농작물 자체가 생체적으로 불확실성이 크고, 토양, 날씨 등의 외부 환경변화에 크게 영향을 받기 때문이다. 이런 측면에서 인위적으로 환경을 조성하여 변화 요인을 줄인 식물공장이나 스마트 온실이 현 단계에서 가장 앞

12) 농림수산식품기술기획평가원, 2016, R&D 이슈보고서 : 제4차 산업혁명과 농업, p.29.

서 실용화된 농업 IoT 사례이다.[13]

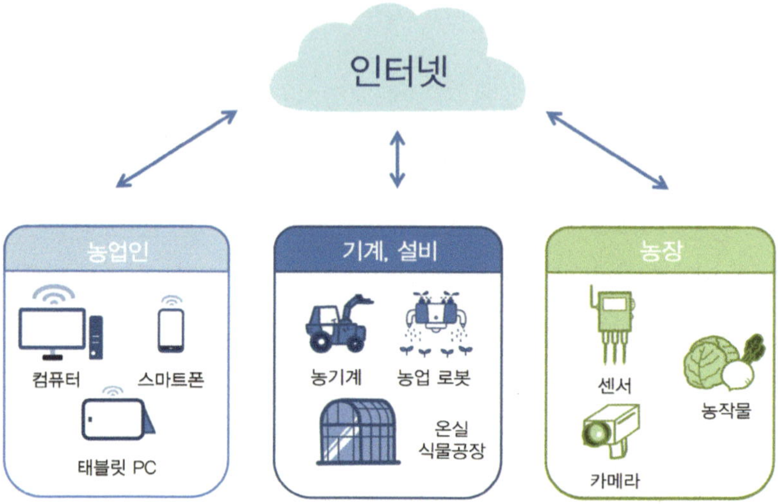

[그림 9] **농업 IoT 개념도**

IoT 기술이 도입되면서, 농민의 오랜 경험과 전문지식에 의한 농장관리가 데이터를 활용한 운영 관리로 전환되고, 생산에서부터 소비단계까지 통합관리가 가능해졌다. 생산 분야의 사례로, 온실 내부의 작물·환경을 원격으로 계측하고, 냉·난방기, 양액기, 팬, 커튼 등을 자동으로 구동하여 항상 최적의 환경을 유지하는 온실 환경제어시스템이 대표적이다[그림 10]. 유통 분야에서는, 농산물이나 저장공간에 각종 센서를 부착하여 농산물의 저장상태, 저장량 및 재고 현황, 운송 차량의 위치 등을 실시간으로 확인할 수 있다. 소비자들은

---

13) 전국농학계대학장협의회, 이덕배·류경선 번역·편집, 2021, IoT로 여는 농업 4.0, 문영당, pp.42-43.

원하는 고품질 · 안전 농산물을 산지에 직접 주문함으로써 저가로 구매할 수 있다. 이외 사례로는 축사 환경제어시스템, 농산물 저온저장고 환경제어시스템, 논이나 밭의 급 · 배수 밸브를 원격으로 조절하는 물관리 제어시스템 등이 있다.

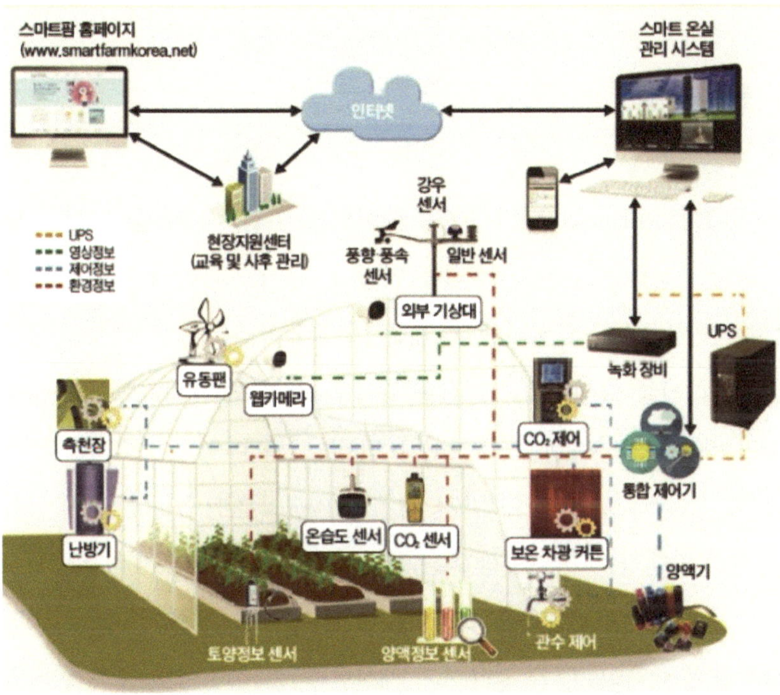

[그림 10] IoT 기반의 온실 환경제어시스템[14]

IoT 기술 도입으로 대규모 시설이나 분산된 여러 개의 시설을 효율적으로 관리할 수 있는 장점이 있다. 또한 농업 IoT는 농산물 생산

14) 한경미디어 뉴스룸-Business.

단계에서부터 소비까지 도출되는 대량의 데이터들이 플랫폼으로 수집되고, 플랫폼상에서 AI 등이 데이터를 분석하여 도출된 결과에 따라 최적 의사결정이 이루어지고, 그 결과가 다시 현장으로 피드백되어 전 과정에서 나타난 문제점을 개선함으로써 스마트 농업 효과를 극대화할 수 있다.

빅데이터

〈정의〉

빅데이터(Big Data)란 "대용량 데이터를 수집, 저장, 검색, 분석 및 사업에 활용하는 일련의 과정"을 말한다. 과거에 데이터 개념은 단순한 저장이나 수집에 불과했다. 최근 데이터 영역은 각종 디지털 장치들(devices)을 통해 수집·저장된 방대한 양의 정형 데이터와 비정형 데이터[15]에서 가치 있는 정보를 찾아내, 이를 데이터 시각화(인포그래픽, infographic)[16]하여 알기 쉽게 가공·표현한 정보를 사람이나 기관에 판매하는 사업화까지를 포함한다.

빅데이터 처리 기술이 발전하면서 과거에는 발견하기 어려웠던 정보를 추출하고, 이를 활용하여 새로운 가치 창출이 가능하게 되었다. 사업화에서는 하드웨어가 아닌 소프트웨어로서, 웹에 분산되어 있는 데이터를 분석하여 주어진 규칙에 따라 새로운 2차 데이터를 만들어내는 것이 중요하다[그림 11].

15) 비정형 데이터는 가공되지 않고 표준화되지 않은 일상 언어, 사진, 영상, 문자 등을 포함한다.

16) 인포그래픽 : 정보를 나타내는 Information과 그래픽(Graphic)의 합성어.

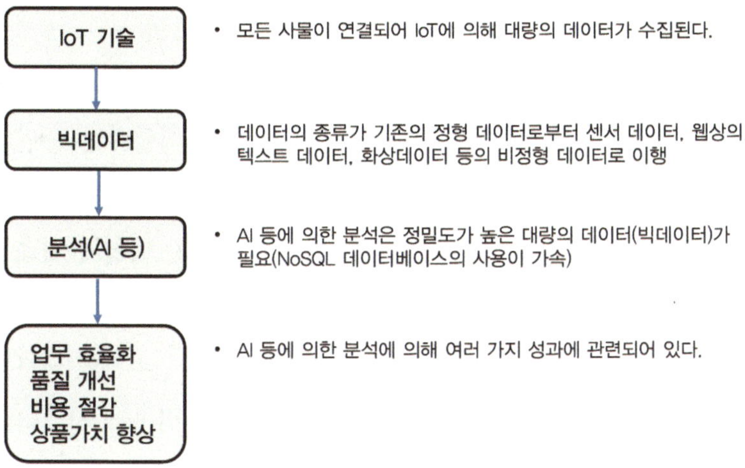

[그림 11] IoT, 빅데이터와 AI의 관계[17)]

〈사례〉

미국 아마존닷컴은 고객들의 구매 내용을 수집, 관리 및 분석 결과에 기반한 고객 맞춤형 상품을 이메일과 홈페이지에 제공함으로써 매출을 높이고 있다. 또한 고객이 사들인 상품정보를 분석해 구매 예상 상품을 추천하거나 쿠폰을 제공하는데, 매출의 약 35퍼센트가 이러한 추천시스템을 통해 발생했다. 서울시는 통신사로부터 심야시간대 위치별 통화 명세 30억 건의 데이터로부터 유동 인구를 분석하고, 그 결과에 따라 심야버스 노선을 선정·운영하는 서비스를 제공함으로써 심야시간대 대중교통 이용의 불편함과 택시 승차 거부 등의 문제를 해결하고 있다.

17) 정환묵, 2021, 스마트 농업혁명, 리빙북스, p.358.

〈농업 빅데이터〉

빅데이터 기술 발전으로 농업 생산방식도 기존의 '경험 기반 관리'에서 '빅데이터 기반 예측관리'로 전환하고 있다. 이를테면 농민의 직·간접적인 경험과 기술을 벗어나 데이터의 분석, 예측, 맞춤 처방으로 시장 상황에 따라 능동적인 대처가 가능해졌다. 따라서 빅데이터 활용 여부가 미래 농업의 경쟁력을 좌우할 전망이다.

미국 몬샌토(Monsanto, 2018년에 독일 바이엘이 인수하였음)사는 종자 수확량을 극대화하기 위해 첨단 육종기법에 기반한 빅데이터 분석 도구(tool)인 필드스크립트(FieldScript)를 개발하고, 이를 정밀 농업 기술과 연계하여 효과를 높이고 있다. 종자 유전학과 정밀한 장비를 사용하여 경작지에 적합한 품종과 파종량을 처방하고, 토지와 질병 이력, 강수량 등 각종 데이터를 통해 재배관리를 지원함으로써 지속 가능한 농업을 실현할 뿐만 아니라 종자 생산량 증대를 가져왔다[그림 12]. 듀폰(Du Pont)사는 수십 년간 축적된 토양과 기후, 강우량 정보를 바탕으로 경작지별 데이터, 실시간 농경·기상 정보와 결합하여 관리업무를 지원하는 소프트웨어 'Field360 Select'를 개발하였는데, 이는 어디에서나 자신의 농장 데이터에 접속하여 농장관리가 가능하다. 이들 다국적 기업들은 옥수수, 콩 등을 계약재배하고 있는 세계 전역의 농부들에게 빅데이터를 활용한 '처방식 재배(prescriptive planting)' 방식을 보급하고 있다.

미국 존디어(John Deere)사는 자사의 트랙터와 콤바인에 GPS, 센서와 IoT, 데이터 수집 및 무선 전송 장비를 탑재하였다. 또한 '시드스타 모바일(SeedStar Mobile)'이라는 휴대용 장비를 사용하여 파종

작업 데이터를 실시간으로 수집 · 분석 · 시각화하여 작업 중 문제가 생겼을 경우 신속히 해결하고, 작업능률 향상과 수확량 극대화를 통해서 농업 생산성을 크게 높였다. 이들 장비는 농경지 공간 정보와 연계하여 가시화된 형태의 정보 제공, 영농정보의 기록과 이력 관리를 통해서 체계화된 영농 관리뿐만 아니라 작업 중에 나타난 문제를 조기에 개선하는 장점이 있다[그림 13].

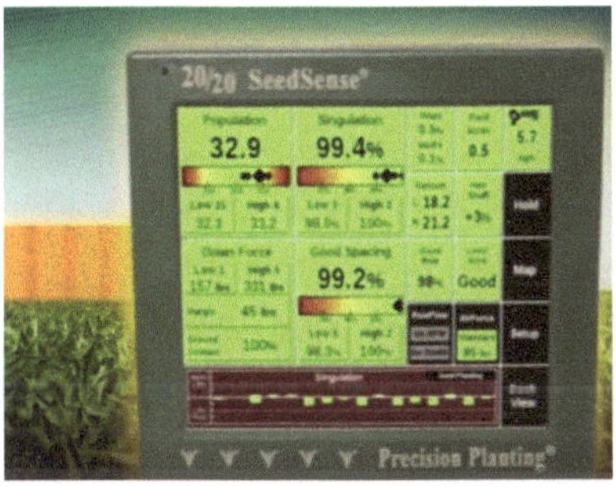

토양 상태, 작물 생육, 일기예보, 수십 년간의 기후변화 도표, 농업전문가들의 견해를 모아 놓은 징보밍 등을 제공.

[그림 12] '몬샌토'사 필드스크립트

트랙터, 콤바인 등의 농기계에 첨단 센서를 설치하여 농작업 중에 데이터를 수집하여 무선으로 전송.

[그림 13] '존디어'사 트랙터 내부

국내 농림축산식품부와 KT는 국가동물방역통합시스템(KAHIS) 데이터와 KT의 통화 로그 데이터를 활용해 조류인플루엔자(Avian Influenza : AI)의 확산과 사람 · 차량 이동의 연관성을 분석하는 빅데이터 기반 AI 확산모델을 개발하였다. 이를 이용하여 AI 관련 정보를 수집 · 분석하고, AI 확산경로를 예측하여 축산 차량과 인력의 이동을 제어하는 데 활용하고 있다[그림 14].

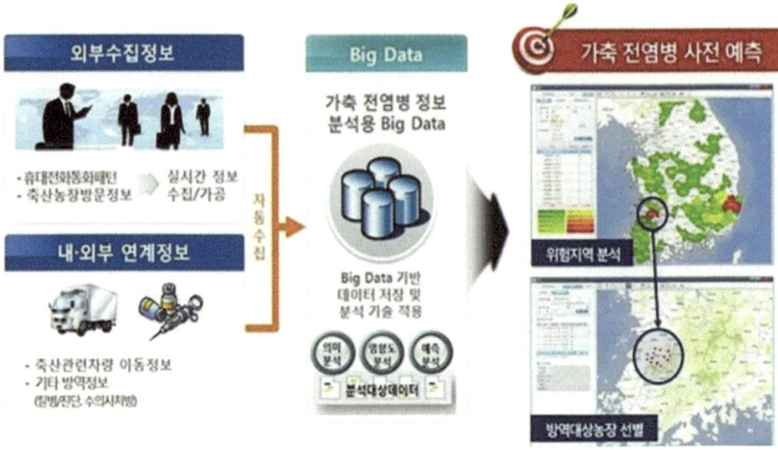

IoT와 빅데이터를 활용하여 AI 발생지역 및 방역 관리지구 중심으로 거점 소독시설을 운영하고, 모니터링 결과에 따라 축산 차량 탐지 및 선별 소독하여 AI를 효율적으로 통제 · 관리하는 시스템.
출처 : 농림축산검역본부

[그림 14] 조류 인플루엔자(AI) 확산경로 예측 및 대응 프로세스

인공지능

〈정의〉

인공지능(Artificial Intelligence : AI)은 지능이 없는 기계에 사람처럼 지능을 갖게 한다. 인공지능 전문가는 사람만이 가지고 있는 특징을 이해하고, 이를 바탕으로 컴퓨터와 로봇 등이 사람처럼 생각하고, 결정을 내리도록 하는 기술을 개발한다. 인공지능기술은 사람의 인지(보다, 듣다, 읽다), 학습(반복 학습을 통해 지식을 고도화), 추론(학습된 지능에 기반하여 인지된 환경에 대한 추론 및 예측) 등을 컴퓨터 기술을 이용하여 구현함으로써 문제를 해결하는 기술이다. 인공지능과 사물인터넷을 기반으로 한 무인(Unmanned) 기술은 우리의 일상적인 삶 곳곳으로 확산되고 있다. 무인 기술은 사람의 노동력을 최소화하고, 비용을 줄이고, 새로운 서비스를 제공하는 등 혁신의 시대를 개척하고 있다.

인공지능은 크게 2가지 유형으로 구분한다. 하나는 범용 인공지능(Artificial General Intelligence : AGI)으로 사람의 모든 감각, 모든 추론 능력과 함께 사람 지능의 모든 특징을 가지고 있어서 사람처럼 생각할 수 있다. 이에 비해 전용 인공지능(Artificial Narrow Intelligence : ANI)은 사람 지능의 전체가 아닌 단 몇 가지 기능만 지니고 있다. 이를테면 특정 프로세스의 자동화 또는 해당 프로세스에서 특정 작업의 자동화처럼 매우 한정된 문제만을 해결하는 인공지능으로, 현재 비즈니스 애플리케이션에서 주목받는 기술이다.

〈사례〉

미국 구글(Google)사는 딥러닝을 바탕으로 학습하는 인공지능 바둑 시스템 '알파고(AlphaGo)'를 개발하였고, 딥러닝을 번역부터 자율주행 자동차까지 다양한 서비스에 적용 중이다. 국내 ㈜라온피플이 개발한 AI 교통신호 관리시스템은 실시간으로 차량과 교통량을 파악하고 계산하며, 교통신호를 관리하여 교통 체증은 줄이고, 미세 먼지 발생도 낮추고, 유류비까지 절감할 수 있다.

미국 자율주행 상품 무인 배송 로봇 회사 누로(Nuro)사는 로봇, 자율주행, 인공지능 등의 기술을 집약한 R2를 개발하여 피자나 식품 배달에 활용하고 있다. R2는 라이더, 레이더, 360도 열화상카메라 등을 탑재하여 보행자와 자전거를 인식할 수 있으며, 무게는 약 680킬로그램이고, 너비는 약 106센티미터이다. 내부공간은 식료품의 신선도 유지를 위한 온도조절장치가 있고, 고객이 설정한 비밀번호를 누르면 문이 열린다[그림 15].

출처 : www.nuro.ai

[그림 15] 상품 무인 배송 로봇

〈농업 인공지능〉

미국 블루리버 테크놀로지(Blue River Technology Inc.)사는 트랙터에 기계학습 엔진을 탑재한 잡초 제거 로봇인 레투스봇(LettuceBot)을 개발하였다. 트랙터에 부착한 레투스봇은 실시간으로 식물을 스캔한 후 상추와 잡초를 구별하여 최소량의 제초제 주입만으로 잡초를 성공적으로 제거하였고, 제초제 사용도 90퍼센트 절감하였다[그림 16]. 또한 존디어사(2017년에 블루리버 테크놀로지사를 인수)의 씨앤스프레이(See & Spray)는 목화밭 4,000제곱미터에 제초제 95리터 살포하던 것을 인공지능으로 목화와 잡초를 인식해서 잡초에만 제초제를 뿌림에 따라 제초제가 7.5리터만 사용되었다. 즉 제초제를 92퍼센트 줄이는 효과를 거두었다.[18]

18) 아만다 리틀 지음, 고홍관 옮김, 인류를 식량 위기에서 구할 음식의 모험가 등 -6장 : 물과

[그림 16] 인공지능 기반 잡초 제거 로봇(레투스봇)

미국 인디고 애그리컬처(Indigo Agriculture)사에서 개발한 인디고 아틀라스 플랫폼은 AI 기반 위성 이미지 분석을 통해 실시간으로 전 세계 작물 건강 및 토양환경 상태를 파악하여 작물 건강지수(CHI)를 생성하고, 날씨, 원격 데이터에 기계학습을 적용하여 다양한 날씨 패턴을 추적하고, 과거 데이터와 비교하여 당해연도 곡물 수확량 또는 생산량을 예측한다.

펜실베이니아대학은 질병 26종에 감염된 작물 14종을 이용하여 사진으로 질병 여부를 판단하는 인공지능 애플리케이션(App)을 개발하였다. 컴퓨터에 5만 개 이상의 이미지를 올려 학습시킨 인공지능은 새로 판별해야 할 잎 이미지 중 99퍼센트 정확도로 건강 여부를 식별하였고, 농민이 병에 걸린 작물 사진을 올리면 질병 원인을 판단하여 처방할 수 있다[그림 17]. 한편 가축의 행동 패턴을 모니터링 분석하여 조기에 질병을 치료하거나 임신 성공률을 높인 사례도 있다[그림 18].

흙이 없는 도시 농장-, 세종, pp.133-169.

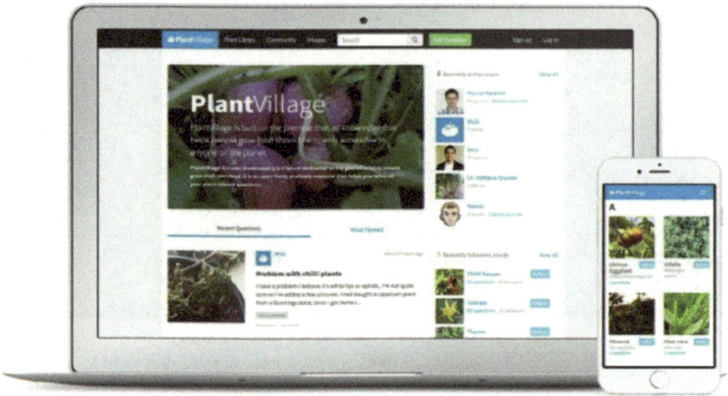

[그림 17] **농작물 질병 관리 인공지능 앱인 플랜트 빌리지**

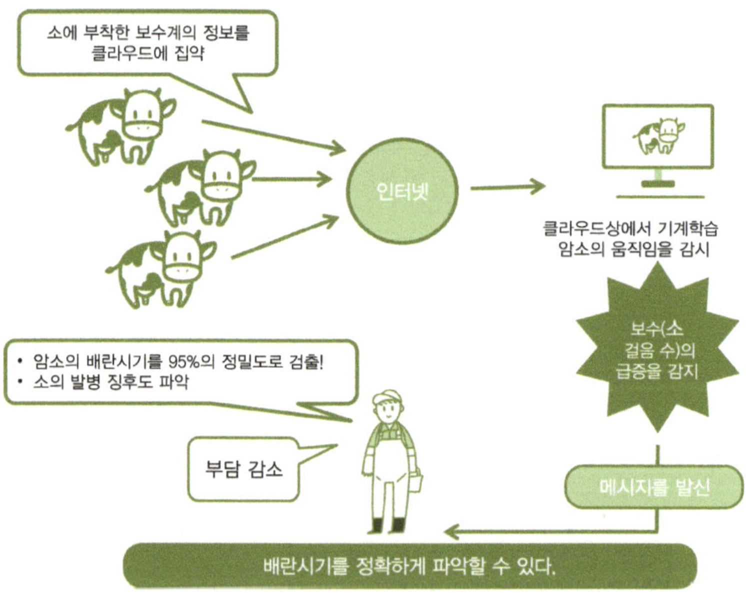

"암소가 발정하면, 걸음 수(步數)가 증가한다."라는 소의 습성에 관한 데이터를 학습시켜 모델을 개발. 암소에 보수계(步數計)를 부착하여 매일 소 걸음 데이터가 인터넷을 통해 클라우드에 송신되고, 학습모델에 의해 발정상태를 농민에게 알려주고, 농민은 적절한 시기에 인공 수정시키면 임신 확률이 높아짐. 소의 걸음 패턴 분석을 통해 여러 종류의 질병 검출에도 활용함.

[그림 18] **기계학습을 이용한 소의 감시시스템 효율화**[19)]

3. 스마트 농업의 응용기술

농업 로봇

로봇은 인간을 모방하여 외부 환경을 인식(Sense)하여 상황을 판단(Think)하고 자율적으로 동작(Act)하는 기계이다. 이를테면 '사람과 같은 기능을 가진 기계를 로봇'이라고 말한다. 로봇은 크게 산업용 로봇과 비산업용 로봇으로 분류하고, 비산업용 로봇은 서비스 로봇으로 분류하기도 한다〈표 1〉. 농업 로봇은 농작업에 사용되는 로봇으로, 작물 생육이나 가축 사양의 환경에 대한 모니터링부터 이식, 제초, 방제, 살포, 수확, 착유(搾乳, 젖을 짬) 등 다양한 분야에서 활용되고 있다. 농업 로봇은 농작업의 기계화에서 반자율형 로봇을 거쳐 완전 자율형 로봇으로 발전하고 있다.

〈표 1〉 로봇의 분류

구분	분야	로봇 종류
산업용 로봇	제조업 분야	용접 로봇, 도장(painting) 로봇, 연마 로봇, 입출하 로봇, 조립 로봇, 작업지원 로봇
	비제조업 분야 (농업 로봇)	노지농업 로봇, 시설농업 로봇, 축산 로봇
비산업용 로봇 (서비스 로봇)	생활 분야	경비 로봇, 청소 로봇, 엔터테인먼트와 커뮤니케이션 등 다목적 로봇
	의료 · 복지 분야	의료 로봇, 복지 로봇
	공공 분야	재해대응 로봇, 탐사 로봇, 해양 로봇, 원자력 로봇, 건설 로봇, 우주 로봇, 서비스 로봇

19) 정환묵, 2021, 스마트 농업혁명, 리빙북스, p.462.

- 노지농업 로봇 : 트랙터, 콤바인 등 전통 농기계가 로봇 기술과 융합된 지능형 농기계로 진화하고 있다. 대규모 면적의 파종·수확·운반 작업 등을 수행하므로 대형 로봇이 많고, 노지(露地, open field)의 특성상 자연환경에서 작업을 수행하므로 높은 내구성을 갖추어야 한다.
- 시설농업 로봇 : 노지에 비해 면적이 작은 유리온실, 비닐하우스 등에서 고부가 작물을 대상으로 파종·정식·관리·수확·운반 작업을 수행한다. 소형 로봇이 많고, 노지농업 로봇보다 연중 이용 시간이 길어 경제성이 높다.
- 축산 로봇 : 착유·포유(哺乳, 젖을 먹임)·급이(給餌, 사료 공급) 작업 등 가축 사양(飼養) 관리뿐만 아니라 축사 청소, 분뇨 처리 등 사육환경 개선 분야에서 활용 중이다. 착유 로봇은 가장 먼저 실용화에 성공했고, 1990년대 초부터 축산 농장에 보급·활용 중이고, 우유 생산에서 관리까지 전 과정을 자동화하여 작업시간과 노동력을 크게 절감하였다.

로봇은 크게 센서부, 지능·제어부, 구동·구조부로 구성된다. 센서부는 사람의 감각기관에 해당하고, GNSS[20], 카메라 등 각종 센서를 이용하여 외부 환경 정보를 얻고, 로봇 내부의 작동상태 정보도 검출한다. 지능·제어부는 사람의 두뇌와 신경망에 해당하고, 사용자가 원하는 설정(목표)값과 센서를 통해 얻은 정보(측정)값을 비교

20) GNSS(위성항법시스템, Global Navigation Satellite System)는 사용하는 각 나라별로 GPS(미국), GLONAS(러시아), Galileo(유럽), 베이두(중국) 등으로 달리 명명하고 있음.

하여 설정값에 도달하도록 기계를 제어한다. 그리고 구동·구조부는 사람의 근육과 골격에 해당하고, 지능·제어부의 명령에 따라 모터 등의 작동장치(actuator)와 팔(arm), 핸드 툴(hand tools), 이동 기구와 같은 동력 전달 기구로 원하는 동작을 이행한다.

농업 로봇은 단순·반복 작업이나 사람이 하기 힘들고 위험한 농작업을 사람을 대신하여 스스로 판단하면서 작업을 한다. 현재 트랙터에 로봇 기술과 인공지능 기술을 접목한 자율주행 트랙터가 개발 상용화 단계로 발전했다. 〈표 2〉는 자율주행 트랙터의 발전단계를 설명한 것이다. 1단계는 운전자를 보조하는 '자동 조향' 단계이다. 운전자의 핸들이나 가속·감속 레버 등 하나 이상의 동작을 자동화하여 운전자의 피로를 줄여준다. 2단계는 '부분 자율작업' 단계이다.

〈표 2〉 자율주행 트랙터의 5단계 분류 및 개발 수준[21]

구분	Level 0	Level 1	Level 2	Level 3	Level 4
자동화범위	원격제어	자동 조향	부분 자율작업	자율작업	무인 자율작업
	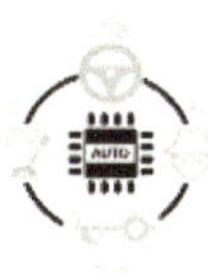		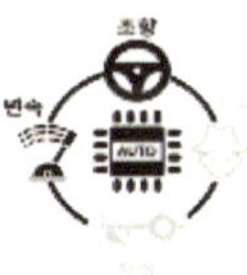	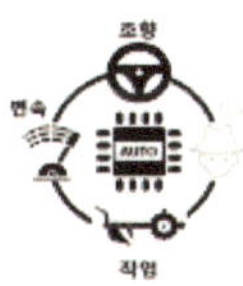	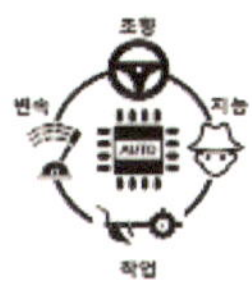
	리모트 컨트롤 이용 제어	자동 직진 조향	자동 경로생성·추종	경로생성·추종+작업기 제어	무인 완전자율 주행·작업

21) 농촌진흥청 자료에서 재인용.

미리 입력한 설정 프로그램에 따라 작업하며, 유인-무인 협조시스템 혹은 포장 주변에서 무인 상태의 트랙터를 모니터링 · 제어하고, 비상시 수동으로 정지한다. 3단계는 '자율작업' 단계이고, 4단계는 '무인 완전 자율작업' 단계이다. 무인 상태에서 설정 프로그램으로 모든 작업을 행하는 단계로, 엄밀한 의미에서 4단계 수준에 있을 때 농업 로봇이라 할 수 있다.

여러 형식의 농업 로봇이 개발되는 가운데 실용화가 앞선 부문은 노지농업 로봇보다 시설원예 로봇과 축산 로봇이다. 시설원예는 사전에 강우, 고온, 강풍 등을 피할 수 있는 환경에서 작업이 이루어지므로 노지에 비해 작업환경이 양호하다. 또한 로봇으로 작업하기 쉽도록 시설 내부구조와 작물 재배방식(조간, 주간, 수형 등)도 변경할 수 있으므로 작업의 로봇화가 가장 먼저 이루어졌다. 최근 농업 로봇은 IoT, 5G, 빅데이터 및 인공지능 등을 활용하여 한 단계 진보한 지능형 농업 로봇으로 발전하고 있다. 또한 농업 로봇은 제조업용 로봇과 다른 특성이 있다.

- 살아 있는 생물과 공존하는 환경에서 작업한다. 생물은 연약하고 손상되기 쉬우므로 작동에 유의해야 한다. → 안전성 확보, 정밀한 조작과 제어가 필요하다.
- 논 · 밭 등과 같이 불규칙하고 열악한 환경에서 작업한다. → 어려운 작업환경을 극복할 수 있도록 로봇의 내환경성 · 내구성이 필요하다.
- 농작업이 특정 기간에만 이루어지므로 연간 이용 시간이 짧다.

즉 경제성이 낮다. → 기술개발과 대량생산에 의한 가격 인하, 다른 작업으로 적용을 확대하는 등 범용화가 필요하다.

농업 로봇은 여러 종류가 개발되고 있는데, 작업 대상(곡물, 채소, 과일, 가축 등)이나 작업 환경(논·밭, 원예시설, 축산시설 등), 작업 종류(경운·정지, 관리, 제초, 방제, 수확, 착유 등)에 따라 구분하면 다음과 같다〈표 3〉.

〈표 3〉 지능형 농업 로봇의 분류 및 사례

구분	지능형 농업 로봇		
	분류	적용사례	기능 및 필요성
노지 농업	노지 관리용	자율주행 트랙터, 자동조향장치	- 대규모 면적의 경운정지·파종·수확·운반 작업을 대체함 - 노지 특성상 비바람 등에 노출되므로 내구성이 높아야 함 - (공통) AI로 학습 후, 스스로 판단하여 위험 요인에 대응
	작물 관리용	자율주행 이앙기, 제초 로봇, 방제 로봇, 농약 살포 드론	
	수확용	자율주행 콤바인	
시설 원예	시설 관리용	작업보조 로봇	- 비정형화된 작업이 많고, 대상물이 연약하므로 정밀제어가 요구됨 - (공통) AI로 학습 후, 스스로 판단하여 위험 요인에 대응
	작물 관리용	이식 로봇, 접목 로봇, 시비·방제 로봇, 생육진단 로봇	
	수확용	과채류 수확 로봇, 수확물 이송·적재 로봇, 과채류 선별 로봇	
축산	생육 관리용	생체정보 인식 로봇, 사료급이 로봇, 분뇨처리 로봇	- 분진, 악취 등 열악한 작업환경에 대응한 높은 내구성이 요구됨 - (공통) AI로 학습 후, 스스로 판단하여 위험 요인에 대응
	생산 자동화용	착유 로봇, 양털깎기 로봇	

노지농업 로봇은 넓은 논과 밭을 적은 인원으로 관리하므로 농가의 노동력 부족을 해소하고, 농가의 경영규모 확대와 생산비 감소에 크게 이바지한다. RTK-GPS[22]에 의한 정확한 위치를 실시간으로 측정하여 작업하므로 야간에 작업할 수 있고, 경운·정지, 비료 살포, 병해충 방제 작업을 할 때 중복하거나 빠진 곳 없이 정밀한 작업이 가능하다. 더구나 노지농업 로봇은 트랙터, 콤바인 등 전통 농기계와 로봇 기술의 융합을 통해 새로운 로봇 농기계 형태로 진화해 가고 있다. 과채류 수확 로봇의 경우, 수확 팔(arm)에 숙도(익은 정도)나 당도 센서를 부착하면 잘 익고 당도 높은 과채류만을 골라서 수확할 수 있다. 이는 수확 작업을 생력화·효율화할 뿐만 아니라 과채류에 대한 엄격한 품질평가로 부가가치를 높이고, 재배관리 단계의 문제점을 파악하고, 이를 개선하는 데도 활용할 수 있다.

현재 연구개발이 활발한 로봇으로는 딸기, 파프리카, 토마토, 사과 등과 같은 연약한 농산물에 손상을 입히지 않고 수확하는 로봇, 온실 내부를 스스로 주행하면서 작물 생육상태를 실시간으로 계측하는 로봇, 위험한 농약 살포작업을 대신해 주는 무인 방제 로봇, 과수의 적과(열매 솎기) 또는 적엽(잎 따기), 가지치기 작업을 하는 과수원 관리 로봇, 수확물의 이송·적재 로봇, 그리고 축사에서 착유, 사료 급이, 청소를 대신해 주는 축산 로봇, 사람의 농작업 능력을 향상하기 위한 보조 수단인 증강 로봇 등이다.

---

22) RTK-GPS(Real Time Kinematic GPS) : '실시간 이동 측위 위치정보 시스템'을 말하고, 기준국의 반송파 위상에 대한 보정치를 이용하여 이동국에서 실시간으로 1~2cm 정확한 측위 결과를 얻는 일련의 측량 과정을 말함.

미국 존디어(John Deere)사의 자율주행 트랙터는 GPS 신호를 기반으로 이동 경로를 스스로 선택하고, 작물 상태를 측정하면서 자동으로 작업을 수행한다[그림 19]. 블루리버 테크놀로지(Blueriver Technology)사는 잡초 제거를 위해 매년 250억 달러 상당의 13.6억 킬로그램의 제초제를 사용하는데, 지능형 카메라로 경작지에서 잡초를 식별한 후 노즐이 잡초에만 정확히 제초제를 살포함으로써 제초제 사용량을 90퍼센트까지 줄였다. 이 밖에 네덜란드에서 개발한 오이 수확 로봇, 스페인과 일본에서 개발한 딸기 수확 로봇, 네덜란드와 호주의 파프리카 수확 로봇 등이 실용화에 근접하고 있다[그림 20]. 최근 국내에서도 농촌진흥청에서 자율주행 이앙기[그림 21], 벼농사 제초 로봇과 딸기 수확 로봇[그림 22], 그리고 과수원용 무인 방제 로봇[그림 23]을 개발하였다.

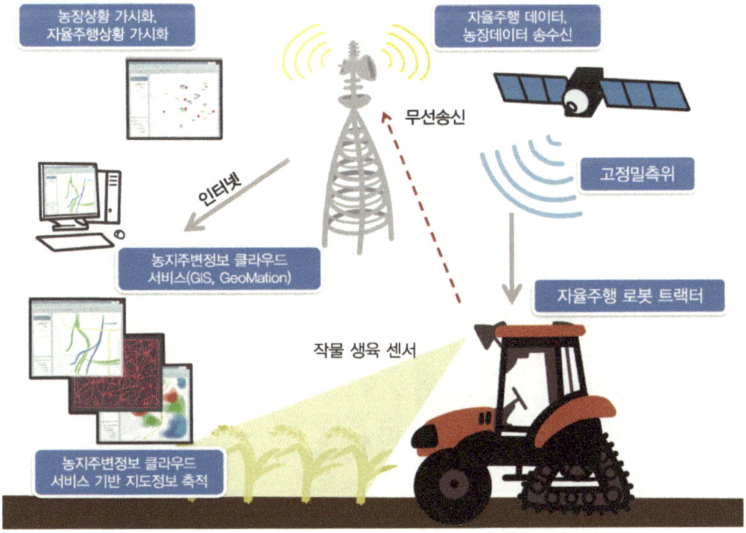

[그림 19] 존디어사 자율주행 트랙터의 기술 구성 및 수행내용

출처 : 와게닝겐대학

[그림 20] **채소 수확 로봇 : 파프리카(좌), 오이(우)**

출처 : 대동공업

직진 자율주행 이앙기는 RTK-GPS와 IoT를 사용하여 모를 정확한 위치에 이앙(오차 2.5cm)하여 작업효율을 향상하고 인건비를 절감함.

[그림 21] **자율주행 이앙기**

출처 : 농촌진흥청 국립농업과학원

[그림 22] **농업로봇 : 벼농사 제초 로봇(좌), 딸기 수확 로봇(우)**

방제로봇은 미리 입력된 경로를 따라 과수원을 자율주행하면서 나무의 크기와 모양을 인식한 후 필요한 부분에만 약제를 살포함으로써 관행 방제기 대비 농약 사용량을 20~30퍼센트까지 줄였음.

[그림 23] 과수원용 무인 방제로봇[23]

① 트랙터 ② RTK-GPS안테나 ③ GPS 수신기 ④ 가이던스 모니터 ⑤ 자동 조향장치

[그림 24] GPS 가이던스 시스템을 부착한 자율주행 트랙터[24]

23) 농림수산식품기술기획평가원, 2016, R&D 이슈보고서 : 제4차 산업혁명과 농업, p.23.
24) 농촌진흥청, 2016, 일본의 스마트농업 추진전략, p.107.

정밀농업

현대 농업은 다수확 품종 작물을 재배하면서 화학비료와 농약, 농기계를 집중적으로 투입하는 녹색혁명 농법을 기본으로 하고, 이는 수확량을 획기적으로 늘리는 데 기여하였다. 그러나 지나친 화학비료와 농약 사용은 토양 오염, 수질 오염에 의해 농업 생산기반이 점차 약화할 것이라는 우려가 높다. 녹색혁명이 한계점에 도달하고, 세계인구의 지속적인 증가와 지구온난화의 심화 등에 의해 촉발된 식량 위기를 극복하기 위한 대안으로 1990년대에 정밀농업[25]이 등장했다. 정밀농업은 기존 농업에 IoT, ICT 기술을 융합한 첨단농업으로 정의한다.

정밀농업(Precision Agriculture : PA)은 논·밭의 위치에 따라 토양의 성질·영양·수분함량, 작물 생육상태, 병해충과 잡초 발생 정도, 최종 수확량이 서로 다르다는 사실에서 시작한다. 따라서 정밀농업에서는 IoT, ICT 기술을 이용하여 작물 재배 중에 위치별 상태를 실시간으로 측정하고, 그 결과에 따라 종자·비료·농약·물 등 농자재 투입량을 달리함으로써(이를 변량형 농업(Variable Rate Agriculture)이라 부름), 농자재를 절약하는 동시에 균일하게 키우는 것을 추구한다.

25) 정밀농업의 명칭은 1997년 6월 국제농업회의에서 'Precision Agriculture'로 통일하였고, 그 이전에는 Site-Specific Crop Management(장소대응형재배관리), Environmental-Friendly Farming(환경친화적 농업), Farming by Soil(토양보존농업) 혹은 Prescription Farming(처방농업)이라 불렸음.

요약하면 정밀농업은 작물 재배에 필요한 농자재를 필요한 곳(適所)에, 필요한 때(適期)에, 필요한 양(適量)만큼만 공급하는 농업방식이다. 정밀농업을 도입하면, 작물 측면에서는 최적의 환경을 조성하여 농산물의 생산성과 안전성을 극대화하고, 환경 측면에서는 비료나 농약이 작물에 흡수되어 농경지에 남아 있지 않아 환경오염을 최소화하는 효과가 있다. 운영 측면에서는 감각·경험을 벗어나 정보·데이터에 기반한 지능농업 또는 첨단농업이다.

정밀농업 개념은 1960년 중반부터 설정되었으나, 그 당시 센서, IT 기술, 컴퓨터 성능 미흡 등 기술적인 제약으로 정밀농업 구현에 한계가 있었다. 그러나 1990년대 이후 IoT, 클라우드, 빅데이터, 인공지능, 드론, 로봇 기술의 발전에 힘입어 급진적으로 발전하였다. 정밀농업 실현을 위해서는 비료·농약의 양을 조절하는 변량형 농기계(1985), 수확량 모니터링·측정기(1992), GPS(지구위치시스템)(1994)가 상용화되어야 하고, 이 밖에 센서와 IoT, ICT, GIS(지리정보시스템)[26] 등 첨단기술과 융합되어야 정밀농업의 상승효과를 거둘 수 있다. 2000년대 들어 수확량 모니터링 장치와 GPS가 장착된 콤바인, GPS를 이용한 무인 자율주행 트랙터와 변량형 농기계가 본격적으로 보급되었다. [그림 25]는 정밀농업의 주요 구성 요소와 그 역할을 나타낸 것이다.

26) GIS(Geographic Information System)는 지리좌표와 결합한 공간정보를 효과적으로 취득, 입력, 저장, 분석 처리하여 가치 있는 정보로 유용하게 활용하기 위한 시스템.

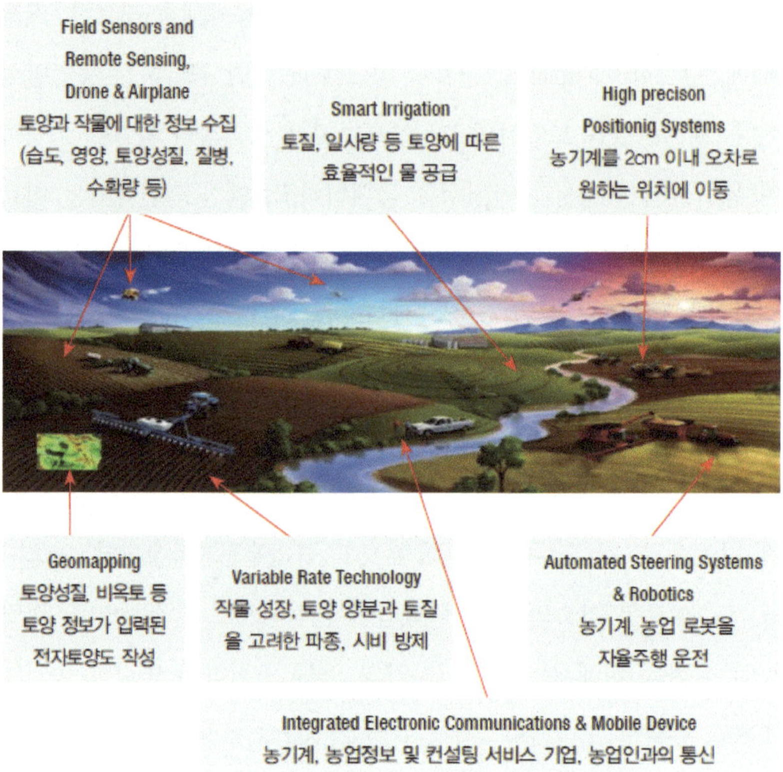

출처 : 농업의 4차 산업혁명, 다시 주목받는 정밀농업(2017).

[그림 25] 정밀농업 주요 기술 구성도[27)]

IoT 기술은 정밀농업을 구현하는 핵심기술이다. [그림 26]은 IoT 기술을 활용한 토양 물관리 정밀농업 사례로서, 토양함수율 센서, 지능형 물관리 및 관수(물주기) 시스템, 농작물 생육 모니터링용 드론, 포장(圃場)에서 자동으로 제어되는 지능형 농기계를 연결해 준다.

---

27) 한국국토정보공사, 2019, 2019년 사람과 국토를 잇다, p.7.

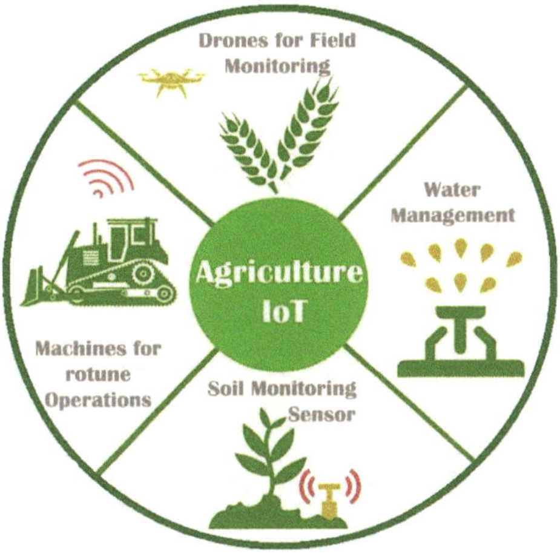

[그림 26] IoT를 활용한 정밀농업[28)]

정밀농업은 "수집 → 처방 → 농작업 → 피드백"과 같은 4단계로 이루어진다. 단계별 내용을 수행하는 데는 다음과 같은 다양한 요소 기술들이 필요하다[그림 27].

- **[수집 단계]** 농경지 위치별 환경을 측정하여 그 결과를 지리정보와 결합하여 정밀지도를 만드는 단계이다. GPS와 센서, IoT 기술을 이용하여 포장(圃場, field) 내의 위치, 토양 함수율과 영양분, 병해충이나 잡초 발생 정도, 수확량 등을 측정·모니터링하고 수집한다. 수집된 정보들을 지리정보와 결합하여 토양 상태, 병해충 또는 잡초 변이, 생육 현황을 정밀지도로 나타낸다. 각

28) Iwin Thanakumar Joseph Swamidason and et al., 2022, Futuristic IoT based Smart Precision Agriculture : Brief Analysis, Journal of Mobile Multimedia, Vol.18_3, pp.935-956.

종 정보를 지도로 표현하는 GIS 기술이 필수이다. 최근 농기계에 장착된 형태나 원격에서 센서를 통해 측정된 정보를 실시간으로 처리하고 저장할 수 있는(on-line processing and storing) 기술을 활용하고 있다.

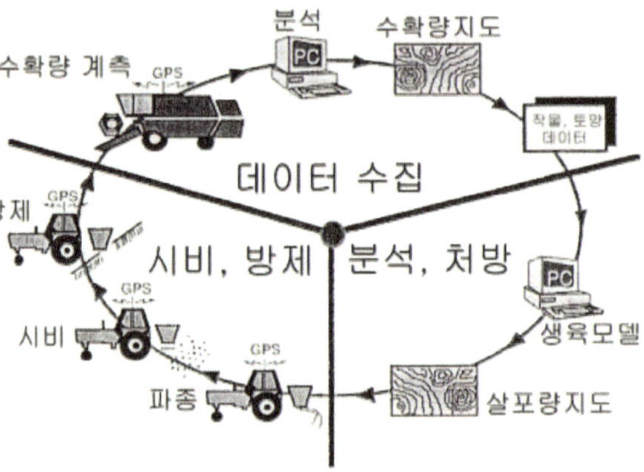

[그림 27] 정밀농업의 작업단계 및 관련 기술[29)]

- **[처방 단계]** 포장에서 수집된 정보는 인공지능(AI) 기반 빅데이터 분석을 통해 비료, 농약, 제초제 등의 적정 투입량을 결정하는 단계이다. 주로 정보처리, 데이터 시각화 및 분석기술을 이용한다. 특히 이 단계에서는 의사결정과 관련하여 그동안의 축적된 수많은 연구 결과를 활용한다.
- **[농작업 단계]** 최적으로 판단된 처방 결과에 따라, 농기계가 공간정보(위치)와 속성정보(농자재 투입량 등)에 따라 위치별로

29) 성제훈, 2017, 정밀농업을 위한 생육 정보수집, 농촌진흥청, p.4.

비료, 농약, 종자 등의 필요량을 투입하는 단계이다. 수집과 처방 단계가 잘 되었다 하더라도 의사결정지원체계가 이루어지지 않으면 정밀농업 수행이 어렵다. 즉 이 단계에서는 농자재의 양을 조절 투입이 가능한 변량방제기, 변량 살포기, 잡초가 있는 곳에만 제초제를 살포하는 지점(spot) 살포기 등 지능화된 농기계와 농업 로봇이 현장에서 활용될 수준이어야 처방 결과에 따라 농작업이 가능하다.

- **[피드백 단계]** 농작업 단계를 마치고 산출된 양을 기존 수확량과 비교하여 적절성을 확인한 후 수정·보완하는 단계이다. 이를테면 작업 후 새로 수집된 정보를 기반으로 다음 연도의 농경지, 작물, 작업계획 수립에 반영한다. 또한 센서, 기기의 손상, 부정확한 동작 등의 원인을 파악하고, 관련 프로그램 업데이트를 통해 계속해서 정밀도를 향상하는 단계이다.

미국은 정밀농업을 가장 먼저 도입했고 기술적 진보뿐만 아니라 실용화도 많이 진행되었다. 미국 전체 농가 중 약 40퍼센트 이상이 정밀농업을 활용하는 단계이고, 독일, 덴마크 등 유럽 국가에서는 정밀농업 인증이 부상하고 있다. 일본은 벼농사를 중심으로 정밀농업 기술을 현장에 보급하고 있다. 특히 정밀농업은 기술적으로 농업기술에서부터 IoT, ICT, 빅데이터, 로봇 등 다양한 기술이 융합될 때 상승효과를 얻을 수 있다. 따라서 미국에서의 정밀농업 기술개발은 농기계회사, 컴퓨터 소프트웨어 개발회사, 대학 또는 연구기관의 협력하에 이루어지고 있다.

현재 수확용 콤바인의 수확량 모니터링 장치와 트랙터의 변량 살포기의 보급이 빠르게 늘어나고 있다. 미국 존디어(John Deer)사는 자율주행 트랙터를 개발 상용화하였다. 트랙터에 부착된 GPS와 여러 센서로부터 데이터를 수집·분석하여 농경지 구획별로 적정량의 비료, 농약, 종자를 살포하고, 다년간의 농경지에서 도출되는 데이터를 매핑하여 처방에 활용하고 있다. 농민은 컴퓨터, 태블릿 PC 또는 스마트폰을 이용하여 다양한 정보를 확인 관리하고 있다.

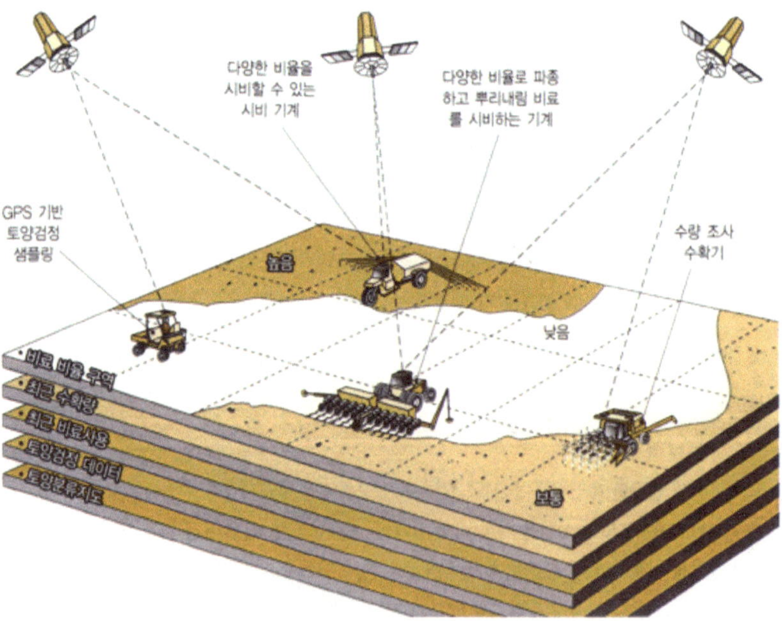

[그림 28] **인공위성에 의한 국지최적시비법**[30]

30) 나일 C. 브래디 · 레이 R. 웨일 저, 류순호 등 번역, 2011, 토양학, 교보문고, p.551.

미국, 캐나다, 독일 등에서 개발·보급되고 있는 국지최적시비법은 기존의 수확량 모니터링 정보를 이용하는 것보다 앞선 정밀농업 기술이다. 이 방법은 인공위성과 연계된 GPS와 GIS를 이용하여 토양 진단정보, 전년도의 수확량정보, 기타 정보를 컴퓨터에 입력하여 공간정보 및 속성정보로 가공·분석한 후 그 결과를 트랙터에 명령하면, 트랙터가 주행하면서 변량 살포기로 지정한 위치에 해당량의 비료나 농약을 살포한다[그림 28].[31)]

농업 드론

드론(Drone)은 조종사가 탑승하지 않고 무선전파 유도로 비행과 조종을 할 수 있는 비행체를 말한다. 일반적으로 드론은 무인항공기(Unmanned Aerial Vehicle : UAV)로, 미국 연방항공청에서는 UAS(Unmanned Aircraft System)로, EU는 RPAS(Remotely Piloted Aircraft System)로 불린다. 드론은 1916년 미국 공군에서 적 비행기를 방어하기 위해 수평 및 고도를 제어하도록 개발되었다.

드론은 처음에는 군사용으로 개발되었으나, 자율 비행체, 센서, IoT, AI 등 첨단기술과 융합되면서 그 활용 범위가 크게 확대되었고, 특히 상업용 드론을 중심으로 급성장하고 있다. 초기에 정찰·감시와 잠수함 공격 용도에서 최근에는 화물운송, 농업, 재해관측, 환경감시, 산업시설 점검, 인명구조, 취미용으로 확대되었다. 드론을 가장 활발히 사용하는 분야 중 하나는 농업이다. 농업용 드론은

---

31) 류수노 · 최은영, 2021, 환경 친화형 농업, 한국방송통신대학교출판문화원, pp.164-167.

카메라와 센서, 통신시스템을 탑재해 맵핑(mapping)과 파종, 비료·농약 살포, 작물생육 및 병해충 검출, 재배관리 등에 활용함으로써, 농촌의 노동력 부족 현상을 완화시키고 과학적 영농에 도움을 주고 있다.

사용 목적에 따라 장치 구성이 다르지만, 각종 센서, 카메라, 프로펠러, 컨트롤러 등을 포함한 하드웨어와 인식과 동작을 위한 각종 솔루션 소프트웨어로 구성된다. 민간용 드론의 사용 용도는 크게 취미용, 산업용 및 공공용으로 분류되고, 그 응용 분야는 매우 다양하다 [그림 29].

취미 | 응급환자 구호 | 농업 생산관리 | 시설 감시

서비스 | 물품 배송 | 레저·스포츠 | 방송·비디오 제작

[그림 29] 드론의 응용 분야[32]

32) 최규홍·홍성하, 2018, 농촌진흥청 : 농업용 무인항공기 이용실태 조사 및 국내외 기술동향 분석 용역 최종보고서, p.5.

날개 형태에 따라 드론은 회전날개와 고정날개로 분류한다. 회전날개 드론은 전체 드론 보급 대수의 대부분을 차지하고, 로터나 날개의 개수에 따라 트리콥터(날개 3개), 쿼드콥터(날개 4개) 등으로 세분류하며, 단수 로터는 주로 헬리콥터 형태이다[그림 30].

회전날개 Quadcopter　회전날개 Hexacopter　회전날개 Octacopter　고정날개

[그림 30] 날개 형태와 개수에 따른 드론 분류

국내 농업에서 드론을 사용하는 분야는 1) 방제작업, 2) 파종작업, 3) 작물과 환경의 원격계측이다. 현재 농업용 드론은 벼농사 방제작업에 가장 많이 사용하고, 채소 농사 방제도 늘어나고 있다. 벼농사 농약 살포는 무더운 여름에 집중적으로 이루어지고, 농약의 노출 위험 때문에 꺼리는 작업이다. 드론 방제는 원격 조정으로 작업이 가능하다는 장점 때문에 빠르게 늘어나고 있다.

국내 드론 방제기 형식은 회전날개·멀티로터(날개 4~16개)이고, 쿼드콥터(Quadcopter, 날개 4개), 헥사콥터(Hexacopter, 6개), 옥타콥터(Octacopter, 8개)가 주류를 이룬다. 최대이륙중량(MGTW[33])은 20~40킬로그램이고, 살포 장치의 약액 탱크 용량에 따라 드론 방제기 형식이 결정된다. 동력원은 축전지를 사용하고, 축전지는 로터 전

33) MGTW(Maximum Gross Take off Weight) : 항공기가 안전하게 이륙할 수 있는 최대 항공기 중량을 의미함.

동기(0.35~2.9킬로와트)로 프로펠러를 회전시켜 비행한다. 국내 드론 방제기는 1헥타르에 농약을 살포하는 데 9~25분이 걸린다. 이들 장치는 최대이륙중량의 50~60퍼센트를 차지하는 용기(5~30리터)를 탑재하고 있으며, 비행 작업 거리는 100~500미터, 비행 속도는 시간당 10.6~19.4킬로미터이고, 비행고도 2.1~2.9미터 범위에 있다.[34]

파종작업은 드론 방제기에서 약액 탱크와 분무장치를 떼어내고 종자통, 회전원판(spinner)을 설치하면 종자 살포가 가능하다. 간척지 등 대규모 농업단지에서 드론을 이용하여 논에 볍씨를 살포하는 직파재배에 사용하지만, 대면적의 간척지와 같은 극히 일부에 그치고 있다. 오히려 축산농가 초지에서 사료 종자 살포에 더 많이 활용하고 있다. 드론 파종 장치는 입제 비료의 살포도 가능하다.

최근 전 세계적으로 드론 관련 빠른 기술 발전으로, 가격이 크게 떨어지고, 규제 등의 영향을 벗어나면서 드론 활용도가 매우 높아졌다. 영상정보획득에서 인공위성이나 유인 항공기와 비교하면, 드론은 농장을 관리 가능한 구역으로 구분하여 더욱 정확하고 저렴하며 지속해서 관찰할 수 있다. 드론으로 수집된 영상정보는 근접촬영으로 기존의 항공 촬영보다 10배 이상 뛰어난 고해상도 영상을 확보할 수 있고, 30~50퍼센트의 비용 절감과 25퍼센트의 작업시간 단축으로 인해 농업경제 활성화에 이바지할 것으로 보인다.[35]

34) 최규홍 · 홍성하, 2018, 농촌진흥청 : 농업용 무인항공기 이용실태 조사 및 국내외 기술동향 분석 용역 최종보고서, pp.29-35.

35) 한국국토정보공사, 2019, 2019년 사람과 국토를 잇다, p.12.

드론에 카메라를 탑재하여 비행고도에서 얻은 영상을 분석하여 농민에게 기상 · 토양 · 작물 · 해충 · 질병에 관한 판단정보를 제공하는 서비스가 늘어날 전망이다. 세부적으로는 농지 조사, 생산량 원격 탐지 · 예측, 토양 분석, 생육상태 분석, 관개 · 관수 관찰, 영양소 결핍 관찰, 비료 · 농약 적정량 측정, 환경영향 평가 및 홍수위험 조사 등에 이용하고 있다.

미국 드론 디플로이(Drone Deploy)사는 드론 분석 소프트웨어 개발업체로서, 항공 NDVI[36] 이미지를 활용해 농지와 작물의 생육상태를 빠르게 분석하고, 그 결과를 농장주에게 제공하여 수확량 예측, 재배 계획, 비용 절감 등 농장의 효율적인 운영에 도움을 주고 있다. 중국 DJI사는 농업용 드론을 최초로 출시하였고, 다양한 회전날개 드론을 생산하며, 드론 하드웨어 시장에서 70퍼센트의 점유율을 차지하고 있다. 프랑스 에어이노브(Airinov)는 광학탐지 장비를 드론에 탑재하여 광센서로 경작지 데이터를 수집하고, 이를 빅데이터로 분석한 후 위치별로 적정량의 비료를 살포함으로써 비료 사용량을 절감하였다[그림 31].[37]

드론은 기존 무인 헬리콥터에 비해 소형 · 저가이고 조정하기 쉽다는 여러 장점이 있다. 사람이 접근하기 힘든 태풍 · 산사태 · 지진 등 자연재해 지역, 절개지, 난지형 해안, 산림지역에서 피해 면적 계산, 지형 분석과 같은 결과물을 얻는 데 효과적이다. 그러나 드론 사

36) NDVI(Normalized Difference Vegetation Index) : 근적외선(NIR, Near Infra-Red)대의 반사율을 측정하여 작물의 생장 상태를 지수화한 것.

37) 농림축산식품부 · aT한국농수산식품유통공사, 2019, 미국 스마트농업 및 IT시스템을 활용한 농작물 재배현황 및 관리, 2019년 해외 이슈조사 보고서, pp.47-54.

용은 최대이륙중량에 크게 영향을 받는다. 이를테면 비료, 농약 등 중량물을 싣고 작업하는 비료 살포나 농약 방제작업에는 제약을 받는다. 그리고 사람의 조작을 대신해 줄 수 있는 매니퓰레이터와 로봇 등 고도의 기술개발이 병행되어야 그 활용도가 확대될 수 있다.

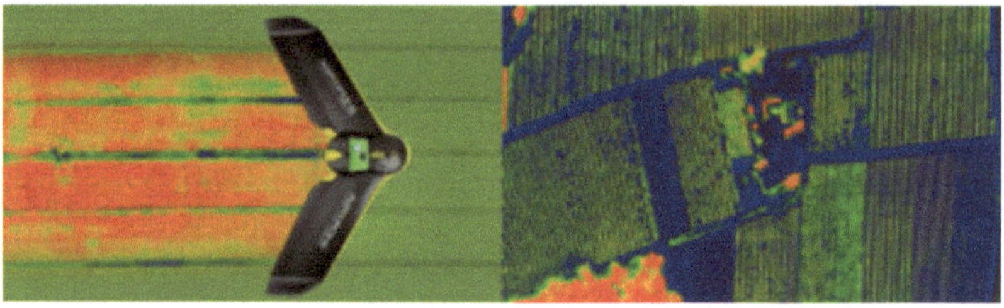

[그림 31] 에어이노브 드론 활용[38)]

식물공장

식물의 실내재배 역사는 로마 황제 티베리우스 시절까지 거슬러 올라간다. 티베리우스는 스네이크 멜론을 1년 내내 진상하라고 농가에 요구했고, 이 명령은 '온실' 탄생으로 이어졌다. 본격적으로 온실을 설계한 것은 1800년대에 들어서였다. 네덜란드에서는 열대 약용 식물을 기르기 위해 온도는 물론 조명과 습도까지 조절할 수 있을 정도로 정교한 온실을 만들었다. 지대가 낮고 홍수가 나기 쉬우며 토양이 농사에 적합하지 않은 네덜란드에서는 물을 효율적으로 사용하고, 폐기물을 최소화하며, 탄소배출을 줄이는 엄격한 환경기준에 맞

38) 김연중 · 박지연 · 박영구, 2017, 4차 산업혁명에 대응한 스마트농업 발전방안, 한국농촌경제연구원 R820, p.55.

춰 지은 온실에서 채소와 과일을 생산하고 있다.[39)]

우리나라 농업은 오랫동안 자연환경에 의존하는 노지농업 · 노동 집약농업에서 1970년대 이후 자연환경을 극복하는 시설농업 · 기술 집약농업으로 발전해 왔다. 과채류 생산방식이 "노지재배 → 비닐온실 → 유리온실 → 식물공장"의 순으로 발전하였다[그림 32]. 한편 세계적으로 인구 증가, 도시화, 기후변화로 인해 악화되어 가는 농업환경과 식량부족이라는 위기에서, 하나의 대안으로 시설농업 또는 실내농업인 '스마트 온실'과 '식물공장'이 등장하였다. 여기서 스마트 온실은 비닐온실(비닐하우스)과 유리온실이 대표적인 형태이다. 그리고 식물공장은 스마트 온실이 한 단계 진보한 형태이고, 그 태동 배경은 〈표 4〉와 같다.

〈표 4〉 식물공장 태동 배경[40)]

소비자	공급자	정부	기술
• 친환경, 고품질 농산물에 대한 수요 증가 • 연중 생산을 통한 농산물 가격 안정 수요증가 • 안정적인 공급원 확보(B2B 수요자)	• 기후에 관계 없는 안정적 생산 • 가격 예측에 따른 일관된 생산계획 수립 • 좁은 면적에서 대량 생산체제 구축	• 농지 확대 없이 식량 자급률 제고 • 농지 감소 추세에 대한 적극적 대응 • 농업의 신성장동력 산업화 가능	• LED 등 혁신 광원 기술 발전 • 온도, 습도, CO_2 농도 조절 기술 • 농산물 생산 · 수확 자동화 기술

39) 아만다 리틀 지음, 고홍관 옮김, 인류를 식량 위기에서 구할 음식의 모험가들 -6장 : 물과 흙이 없는 도시 농장-, 세종, pp.192-195.

40) 매일경제 아그리젠토 코리아 프로젝트팀, 2010, 첨단농업 부국의 길, 매일경제신문사, p.33.

[그림 32] **원예 분야 시설농업의 발전단계**

식물공장은 첨단 공학 기술을 도입하여 식물재배에 필수적인 광, 온도, 수분, 양분 등을 최적 상태로 제어함으로써 생산성을 극대화한 새로운 농업 형태로서, IoT, ICT, AI, 빅데이터, 로봇, 건축 및 농업 등 다양한 기술이 융합된 자동화된 농업시설이다. 식물공장은 시설 구조물(건물, 온실), 광원(태양광, 인공조명), 환경조절 장치(난방기, 냉방기, 팬, 커튼 등), 가스조절 장치, 양액 장치, 센서 및 구동장치, 환경제어시스템 등으로 이루어진 하드웨어와, 시설 · 기계 · 장치 및 작물 상태를 실시간으로 검출 · 판단 · 제어하는 소프트웨어로 구성되어 있다[그림 33].

식물공장은 광합성 효율이 향상되고, 한 해에 여러 차례 재배가 가능하므로 연간 생산량을 높일 수 있고, 재배 중에 일조 부족, 고온 · 저온 장해, 물 부족, 병해충 발생 등 위험을 피할 수 있으므로 단위면적당 생산량도 크게 향상된다. 엽채소의 경우, 재배 베드를 수직으로 여러 개 설치하고 회전율(연간 재배 횟수)을 높이면, 단위면적당 연간 수확량을 일반 노지재배의 수 배~수십 배 높일 수 있다. 이는 경지면적을 그만큼 확대하는 셈이다. 또한 물이나 염류의 스트레스를 계획적으로 관리함으로써 농산물의 당도나 기능성 물질(항산화물질 등)의 함량을 인위적으로 늘리는 것이 가능하다. 최근 식물공장 관련 기술의 발전에 힘입어 초기 투자비와 운영비가 감소하고 있지만, 아직도 고비용의 농업 생산시설이다. 게다가 노지에서 재배하는 것과 비교할 때, 생산비 대비 생산량이 적거나 맛이 따라가지 못하는 단점도 있다.

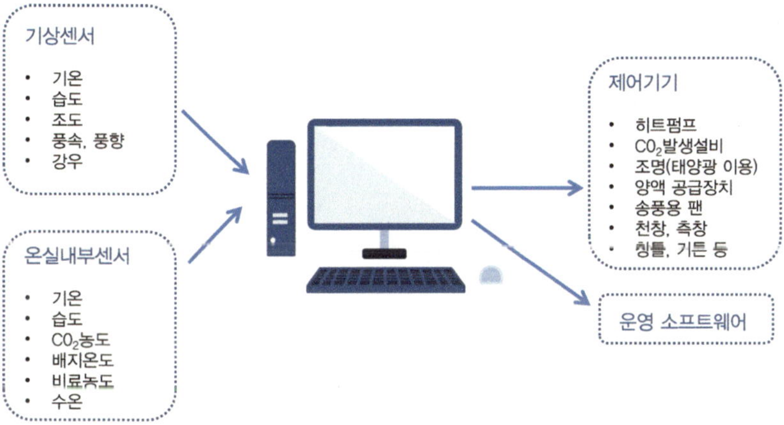

[그림 33] 온실과 식물공장의 환경제어시스템[41)]

식물공장은 광원 종류에 따라 인공광 식물공장과 자연광 식물공장으로 구분한다. 인공광 식물공장은 완전히 밀폐된 시설에서 인공광만을 이용하여 작물을 재배하는 반면에, 자연광 식물공장은 유리 온실이나 비닐하우스에서 태양광과 인공광을 함께 이용하여 작물을 재배한다.

41) 이덕배 · 류경선, 2021, IoT로 여는 농업 4.0, (사)전국농학계대학장협의회, 문영당, p.52.

〈자연광 식물공장〉

유리나 비닐(플라스틱 필름)과 같이 빛을 투과하는 소재로 덮은 시설(온실형)에서 주로 태양광으로 재배하다가 흐리거나 비가 오는 날, 일조량이 부족한 날에 인공광을 보조 광원으로 이용한다[그림 34]. 인공광 식물공장과 비교하여 초기 시설 투자비가 적게 들고, 태양광을 이용하므로 광열비를 절약할 수 있고, 특히 강한 햇빛을 요구하는 토마토, 파프리카 등 과채류 재배에 유리하다. 그러나 온도가 높은 시기(고온기)에는 빛을 차단해 열에너지 부하를 줄이면서 냉방을 해야 하고, 외부 기상에 영향을 받기 쉬우므로 환경제어의 정밀성이 인공광 식물공장보다 떨어지는 단점이 있다.

[그림 34] 자연광형 식물공장[42]

42) 농촌진흥청, 2014, 농업기술길잡이 191 : 식물공장, p.19.

〈인공광 식물공장〉

단열성 재료가 사용된 밀폐 시설(건물형)로 외부 기상에 영향을 받지 않고, 광합성에 필요한 빛은 전적으로 할로겐램프, 형광등, LED 등 인공광원에 의존한다[그림 35]. 최적 생육환경에서 재배하므로 작물의 생장 제어가 쉽고, 연중 계획생산이 가능한 장점이 있다. 그러나 인공광원의 광도(빛의 세기)와 광질에 한계가 있으므로 상추 등 주로 잎채소류, 허브류 생산에 이용한다. 강한 빛을 요구하는 토마토, 파프리카 등의 재배가 어려울 뿐만 아니라 초기설치비, 광원용 전력비, 냉난방비 등의 유지관리비가 많이 소요되는 단점이 있다.

[그림 35] **인공광형 식물공장**[43)]

국내 팜에이트사는 재배베드를 6단으로 설치하고, 담액수경방식[44)]과 식물의 특성에 맞춘 LED 조명을 활용한다. 생육 기간이 노지

43) Ibid., p.16.

44) 담액수경방식(Deep Flow Technique : DFT) : 배양액을 담은 베드 내에 식물 뿌리를 담가서 재배하는 방식으로, 양액량이 많아서 뿌리부 온도, 양액, pH 조절이 안정적임. 뿌리부 산소공급 부족, 재배조 관리에 어려움이 있고, 양액 오염 시 재배베드 전체로 빠르게 확산하는 단점이 있음.

또는 비닐하우스 재배에 비해 30퍼센트 이상 단축되고, 온도, 습도, 조도 등을 생육에 알맞게 조절하여 재배하므로 생산성이 일반재배 대비 40배 이상 높다[그림 36].

출처 : 팜에이트

[그림 36] 인공광형 식물공장

일본 스프레드사의 'Vegetable Factory'는 대규모 채소 재배자동화 시설 구축, 수자원 재활용, 자체 개발한 채소전용 LED, 공조제어 시스템 등 다양한 신기술을 도입한 인공광형 최첨단 채소 생산시스템이다. "① 파종 → ② 발아 → ③ 육묘 → ④ 이식 → ⑤ 생육관리 → ⑥ 수확 → ⑦ 조정 → ⑧ 수확"과 같은 일련의 처리공정 중에서, "③ 육묘 → ④ 이식 → ⑤ 생육관리 → ⑥ 수확"의 과정을 완전 자동화함으로써 인건비를 50퍼센트 절감하였다.[45)]

45) 이덕배 · 류경선, 2021, IoT로 여는 농업 4.0, (사)전국농학계대학장협의회, 문영당, p.53.

우리나라와 일본의 '인공광형 식물공장'을 미국에서는 '수직농장'으로 분류하고 있다. 수직농장은 시설 구조에 따라 실내 수직농장과 컨테이너 농장으로 구분한다. 실내 수직농장(Indoor Vertical Farm)은 도시나 도시 근교의 건물에 재배베드를 수직으로 여러 층 설치하므로 공간 이용효율이 높고, 주로 회전율이 높은 엽채소와 허브류를 생산하고 있다.

미국 뉴저지주 뉴어크(Newark)시의 에어로팜(Aero Farms)사는 재배베드를 7~8단(높이 10m) 설치하고, LED 조명과 분무수경방식[46]을 채택함으로써 물 사용량을 일반농장 대비 95퍼센트, 담액식 수경재배 대비 40퍼센트 절약하고 있다. 새싹채소의 경우, 일반농장에서는 수확까지 평균 약 30~45일이 걸리지만, 에어로팜은 약 12~14일로 단축한다[그림 37]. LED 조명의 색상 스펙트럼을 사용해 작물의 특성과 시간에 따라 광량, 광질을 달리한 맞춤형 인공광원을 제공하여 생산성과 품질을 향상한다.

출처 : 미국 AeroFarms

[그림 37] 실내 수직농장

46) 분무수경방식(Aeroponics) : 배양액을 뿌리에 주기적으로 뿌려서 재배하는 방식으로, 뿌리부 주변 온도 등 외부 환경에 큰 영향을 받고, 분무 장치가 고장 나면 피해가 커질 수 있음.

컨테이너 농장(Container Farm)은 화물용 컨테이너를 개조해 각종 장치를 설치하고 원격으로 내부 환경을 조절한다. 컨테이너를 위로 쌓을 수 있어 재배공간 확보가 용이하고, 연중 생산이 가능하다는 장점이 있다. 미국 Freight Farms사에서 개발한 'Greenery'는 화물용 컨테이너형에 작물 재배에 필요한 재배베드와 자동 환경제어시스템을 설치하여 엽채류, 허브류, 뿌리채소류, 화훼 등을 컨테이너(32제곱미터)당 연간 2~4톤(1주일 기준으로 상추류 700포기 생산량에 상당함) 생산하고 있다[그림 38].[47]

출처 : Freight Farms

[그림 38] 콘테이너 농장

식물공장이나 수직농장은 주로 재배기간이 짧은 녹색 채소를 생산한다. 쌀이나 밀, 옥수수처럼 광활한 논·밭에서 대량으로 자라며 저장성이 좋고, 특히 강한 태양광을 장시간 요구하는 식물, 주로 곡물류는 실내농업에 적합하다고 할 수 없다. 이는 앞으로도 그럴 것이

47) 농림축산식품부 · aT한국농수산식품유통공사, 2019, 미국 스마트농업 및 IT시스템을 활용한 농작물 재배현황 및 관리, 2019년 해외 이슈조사 보고서, pp.29-46.

다. 식물공장은 재배환경을 고도로 통제할 수 있으므로 썩기 쉽고, 영양이 풍부하며, 기후에 민감한 녹색 채소 같은 작물에 적합하다. 녹색 채소는 다른 농산물보다 빨리 자라고 빨리 수확할 수 있어 매년 25~30번 수확할 수 있다.

식물공장의 5대 핵심기술48)

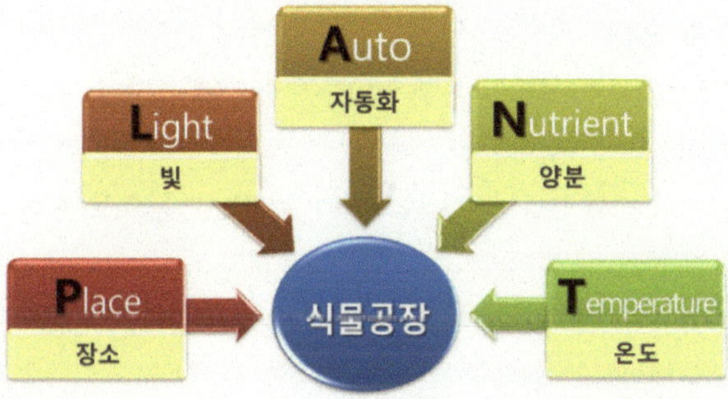

- Place(장소) : 극지, 사막이나 바다 등 환경에 구애받지 않고 어디에서나 건설할 수 있어 장소의 한계를 극복할 수 있다.
- Light(빛) : 형광등, 고압나트륨램프, LED 등 다양한 광원을 이용하여 작물의 광합성 및 생육을 조절할 수 있다.
- Auto(자동화) : 각종 자동화 기술과 로봇화, 원격제어 등으로 파종(씨뿌리기)부터 수확(거두기)까지 자동화가 가능하다.
- Nutrient(양분) : 식물 생장에 적합한 양분을 공급하여 품질을 높이고, 기능 성분을 강화할 수 있다.
- Temperature(온도) : 온도를 조절하여 열대부터 온대까지 다양한 식물을 재배하고 생육 속도와 수확시기를 조절할 수 있다.

48) 이공인 · 최규홍 · 김유호, 2011, RDA 인테러뱅 10호 : 새로운 성장동력, 식물공장, 농촌진흥청.

식물공장의 7대 효과

- Fresh(신선 농산물) : 주문생산 및 계획생산을 통해 신선한 농산물을 얻을 수 있다.
- Agri-biz(농산업 확대) : ICT, BT 산업과의 융·복합을 통하여 새로운 시장 창출이 가능하다.
- Convenience(편리성) : 자동제어와 로봇개발 등으로 농작업의 편리성을 높일 수 있다.
- Teach(교육) : 도시 속 식물공장은 학생, 도시민에게 식물 생장의 전 과정을 체험하고 학습할 기회를 제공할 수 있다.
- Oasis(삶의 질) : 아파트단지, 사회복지시설, 병원, 빌딩에 설치된 식물공장은 도시민의 정서안정 등 삶의 질 향상에 이바지한다.
- Recycle(자연 순환) : 식물공장 내에서는 양액, 물, 에너지 등 자원의 재활용이 이루어져 환경오염 방지가 가능하다.
- Year-round(연중 생산) : 기후에 영향을 받지 않는 연중 안정적 생산은 식물공장의 가장 큰 장점이다.

채소는 종류에 따라 다르지만, 노지에서 재배할 때 파종에서 수확까지 30~45일 걸리는 데 비해, 식물공장 또는 수직농장에서는 12~16일 걸리고 수확량도 4배까지 높다. 녹색 채소는 거의 모든 부분을 먹을 수 있고 팔 수 있다는 장점이 있다. 이를테면 작물의 잉여부(먹지 않는 부위)를 기르느라 에너지를 낭비하지 않는다는 뜻이다. 예를 들어 파프리카를 기른다면, 과일만 판매하는데, 줄기, 가지, 잎, 과일을 다 LED 조명 아래서 기르기 때문이다.[49] 또한 디지털 재배환경(온도, 습도, 양액 등)을 조절하여, 양상추 잎의 색, 딸기의 당도, 토마토의 라이코펜(lycopene) 함량 등 채소의 맛과 질감, 영양성분을 제어하는 맞춤형 생산이 가능하다는 장점이 있다.

49) 아만다 리틀 지음, 고홍관 옮김, 인류를 식량 위기에서 구할 음식의 모험가들 -6장 : 물과 흙이 없는 도시 농장-, 세종, pp.206-214.

참 / 고 / 문 / 헌

1. 김병갑 · 김유용 · 신승엽 · 이용범, 2011, RDA 인테러뱅 46호 : 농업혁명을 이끈 농기계, 농촌진흥청.
2. 김상철 · 최규홍 · 홍영기, 2011, RDA 인테러뱅 13호 : 스마트 시대, 스마트 농업, 농촌진흥청.
3. 김연중 · 박지연 · 박영구, 2017, 4차 산업혁명에 대응한 스마트농업 발전방안, 한국농촌경제연구원 R820, pp.15, 11-17, 55.
4. 나일 C. 브래디 · 레이 R. 웨일 저, 류순호 등 번역, 2011, 토양학, 교보문고, p.551.
5. 농림수산식품기술기획평가원, 2016, R&D 이슈보고서 : 제4차 산업혁명과 농업, pp.23, 33.
6. 농림축산식품부 · aT한국농수산식품유통공사, 2019, 미국 스마트농업 및 IT시스템을 활용한 농작물 재배현황 및 관리, 2019년 해외 이슈조사 보고서, pp.29-54.
7. 농촌진흥청, 2014, 농업기술길잡이 191 : 식물공장, pp.16-19.
8. 농촌진흥청, 2016, 일본의 스마트농업 추진전략, p.107.
9. 류수노 · 최은영, 2021, 환경친화형 농업, 한국방송통신대학교출판문화원, pp.164-167.
10. 매일경제 아그리젠토 코리아 프로젝트팀, 2010, 첨단농업 부국의 길, 매일경제신문사, p.33.
11. 미래창조과학부 미래준비위원회 · KISTEP · KAIST, 2017, 10년 후 대한민국 -4차 산업혁명 시대의 생산과 소비, 지식공감, p.26.
12. 박상현 · 고태봉, 2021, 테크노믹스 시대의 부의 지도, 메이트북스, pp.109-123, 210.
13. 박지연 · 서대석 · 이정민, 2021, 한국농촌경제연구원, 농업전망 2021, pp.163-170.
14. 서대석 · 김연중 · 김의준, 2020, 농업 경쟁력 제고를 위한 정밀농업체계

구축 방안, 한국농촌경제연구원 R904, p.15.

15. 성제훈, 2017, 정밀농업을 위한 생육정보수집, 농촌진흥청, p.4.
16. 만다 리틀 지음 · 고홍관 옮김, 인류를 식량 위기에서 구할 음식의 모험가들 -6장 : 물과 흙이 없는 도시 농장-, 세종, pp.189-214.
17. 이공인 · 최규홍 · 김유호, 2011, RDA 인테러뱅 10호 : 새로운 성장동력, 식물공장, 농촌진흥청.
18. 이덕배 · 류경선, 2021, IoT로 여는 농업 4.0, (사)전국농학계대학장협의회, 문영당, p.53.
19. 전국농학계대학장협의회, 이덕배 · 류경건 번역 · 편집, 2021, IoT로 여는 농업 4.0, 문영당, pp.42-43.
20. 정지훈, 2020, 거의 모든 IT의 역사, 메디치미디어.
21. 정환묵, 2021, 스마트 농업혁명, 리빙북스, pp.358, 462.
22. 최규홍 · 홍성하, 2018, 농촌진흥청 : 농업용 무인항공기 이용실태 조사 및 국내외 기술동향 분석 용역 최종보고서.
23. 한국국토정보공사, 2019, 2019년 사람과 국토를 잇다, pp.7, 12.
24. 홍영기 · 김상철 · 이충근 · 최규홍, 2012, RDA 인테러뱅 90호 : 10년 후를 준비하는 정밀농업, 농촌진흥청.
25. FAO, 2020, e-Agriculture Strategy Guide(http://www.fao.org/in-action/e-agriculture-strategy-guide/en/).
26. Iwin Thanakumar Joseph Swamidason and et al., 2022, Futuristic IoT based Smart Precision Agriculture : Brief Analysis, Journal of Mobile Multimedia, Vol.18_3, pp.935-956.

지 · 속 · 가 · 능 · 한 · 농 · 업

연습문제와 토론사항

1. 다음 용어를 설명하시오.
   - IoT
   - ICT
   - 정형 데이터와 비정형 데이터
   - GPS

2. 스마트 농업의 필요성, 도입과정에서의 문제점과 보급 부진 이유를 설명하시오.

3. 농업 로봇이 제조용 로봇과 비교하여 다른 점과 농업 로봇이 구비해야 할 요건에 대해 설명하시오.

4. 정밀농업(Precision Agriculture)을 도입한 배경, 정의 및 효과를 설명하시오.

5. 드론의 농업적 이용 분야를 들고, 그중 적용사례 하나에 대해 구체적 방안과 파급효과를 설명하시오.

6. 식물공장이나 수직농장의 필요성, 장점(파급효과)과 문제점, 그리고 식물공장이 갖는 한계 사항을 설명하시오.

7. 식물공장에 적용하고 있는 담액수경방식과 분무수경방식의 구조를 설명하고, 각각의 장점과 단점을 설명하시오.

8. 사물인터넷(IoT), 빅테이터와 인공지능(AI) 기술을 농업에서 적용이 가능한 분야를 선정하고, 구체적인 방안이나 아이디어에 대해 토론하시오.

AGRICULTURE

지 속 가 능 한 농 업

기후변화와 우리 농업

PART 04

A G R I C U L T U R E

PART 4 기후변화와 우리 농업

기후변화는 오늘날 지구촌의 커다란 위기이자 해결해야 할 당면 과제이다. 지구 온도가 점차 높아지는 지구온난화로 대표되는 기후 변화는 식량과 물, 에너지, 환경, 보건, 생태계 등 사회 기반 체계에 커다란 변화를 일으킨다. 기후변화 문제를 해결하지 못하면, 지구 기후가 예측 불가능한 상태로 변하고, 이로 인한 재난의 빈도와 규모, 발생지역은 계속 늘어날 전망이다. 이런 측면에서 우리는 지금 '기후변화'가 아닌 '기후 위기'에 직면해 있다고 할 수 있다.

기후변화는 인명피해에 그치지 않고, 각종 질병 발생, 노동력 손실, 물가 상승, 취약계층 증가, 경제성장률 악화, 농작물 피해 증가, 생물다양성 파괴로 이어지는 등 사회 · 경제 · 환경 전반에 걸쳐 큰 영향을 미친다. 더구나 기후변화가 가져올 수 있는 가장 큰 단일 위협은 식량 생산시스템이 붕괴하는 것이다. 홍수와 폭풍, 산불 같은 다른 위협이 일부 지역에서 급작스럽고 심각하게 다가올 수 있지만, 극단적인 이상기후로 식량 공급이 무너지면 사실상 모든 사람에게 피해를 준다. 다시 말해 식량 위기를 통해 우리 모두 기후변화를 더욱 실감하게 될 것이다.

농업은 전적으로 기후에 의존하는 산업인 만큼 기후변화로 인한 피해가 크다. 즉 농업만큼 기후변화의 영향에 취약한 산업도 없다. 비료와 화석에너지 의존도가 높은 현재의 기술집약 농업 또는 기업형 농산업은 인간을 풍족히 먹게 하는 동시에 기후변화를 심화시키는 하나의 원인이기도 하다. 그러나 농업은 산림과 마찬가지로 지구온난화를 일으키는 온실가스를 흡수해 토양에 고정하는 역할, 지표면의 온도 조절, 수자원 함양 등 기후변화 완화와 같은 순기능도 있다. 따라서 농업은 기후변화의 피해자이자 가해자이고 동시에 해결자이다.

본 장의 전반부 "기후변화의 이해"에서는 기후변화 관련 용어, 기후변화 원인, 기후변화가 생태계와 사회 · 경제계에 미치는 영향, 지구온난화 현황과 극한 기상현상, 온실효과 원리 및 온실가스의 역할, 기후변화에 대응한 국제사회의 노력, 탄소중립과 기후변화 대응 방안을 기술하였다. 후반부 "기후변화의 농업적 영향과 대응"에서는 기후변화의 영향을 농업 기반 약화, 재배 적지 변화, 병해충 · 잡초 확산, 농산물 수량 · 품질 저하로 구분하여 설명하고, 기후변화로 인한 농업적 피해 감소를 위한 기술적 대응, 인프라 구축 및 정책적 대응을 소개한다.

1. 기후변화의 이해

기후와 관련한 용어

기후와 날씨(또는 기상)를 혼동하기 쉬운데, 이 둘의 개념은 크게 다르다. 날씨(weather)는 '오늘의 상태'를 의미하는 순우리말이고, 하루나 태양을 뜻하는 '날(日)'과 상태나 태도를 뜻하는 '~씨'의 합성어이다. 날씨는 고기압 또는 저기압 상황에서 기온, 습도, 강수량, 흐림, 바람 등이 시시각각으로 변하는 상태이다. 이를테면 해가 나는지, 구름이 끼는지, 바람이 심한지, 비가 오는지 등 하늘의 상태를 말한다. 날씨는 한자 표기인 기상(氣象), 일기(日氣) 등과 같은 뜻이고 함께 사용된다.[1)] 뉴스에서 날씨 정보를 확인한 후 오늘 어떤 옷을 입을지, 우산을 가지고 갈지, 여행을 가야 할지 등을 결정한다. 이렇듯 날씨는 우리의 일상생활에 큰 영향을 미친다.

기후(climate)는 긴 시간 동안의 대기의 평균적인 상태를 말한다. 예를 들면 연평균 강수량, 월평균 온도와 같이 기후요소 관측값의 연, 월 평균값 등으로 표현된다. 기후는 일반적으로 한 지역에서 가장 출현확률이 높은 대기의 종합상태를 가리키며, 평균 기상을 의미한다. 기상이 시시각각으로 변하는 짧은 변동(fluctuation) 현상이라면, 기후는 수년에 걸친 장기간의 변동(variation) 현상이다. 세계기상기구(World Meteorological Organization : WMO)에서는 30년 동안의 평균값을 기준 삼아 기온, 강수량, 바람과 같은 지상 요소들의 종합적

1) 심교문 등 5인, 2015, RDA 인테러뱅 제160호 : 에구 허리야, 비가 오려나? 농촌진흥청, p.1.

인 상태를 해당 지역의 기후로 나타낸다.

기후과학자들은 종종 기상을 '기분'에, 기후를 '성품'에 비유하곤 한다. 기분(기상)은 매일 시시각각으로 변화하지만, 한 사람(특정 지역)의 성품(기후)은 쉽게 변하지 않기 때문이다. 다른 예로써, "기상은 우리가 오늘 무슨 옷을 입을지를 알려주고, 기후는 우리가 무슨 옷을 사야 할지를 알려준다"라고 비유할 수 있다.

이상기후는 일정 기간의 날씨가 정상적인 범위를 벗어나 장시간 지속되는 상태를 말한다. WMO는 짧은 기간에 인명이나 사회 · 경제적으로 큰 피해를 유발한 기상현상을 이상기후로 정의한다. 우리나라는 사계절이 뚜렷했지만, 근래 이상기후 현상으로 봄과 가을이 짧아지고, 여름과 겨울이 길어지고 있다. 또한 여름에는 무더위와 집중호우가 나타나고, 겨울에는 폭설과 한파가 자주 나타난다. 바다에 아열대성 어류가 늘어나는 현상도 이상기후의 한 사례라고 할 수 있다.

기후변화의 원인[2)]

인간은 대기, 식생, 지표, 해양, 얼음이 있는 기후시스템 속에 살고 있으며, 각 권역 간에서 복잡한 물리 과정을 거쳐 현재의 기후를 유지하고 있다. 기후시스템 안에서 각 요소는 끊임없이 활발하게 서로 작용을 한다. 해양(수권)은 대기에 열과 수증기를 공급하고, 대기(대기권)는 해양에 운동에너지를 주고 있다. 얼음(빙권)은 지구의 반사

2) 기상청, 2020, 기후변화 감시용어집 해설 : 기후변화의 원인.

도를 변화시켜 지구의 복사 수지에 영향을 미친다. 지표(지권)는 식생과 토양을 통해 대기로 에너지를 방출하며, 식생(생물권)은 탄소순환 등으로 기후시스템에 영향을 미친다[그림 1].

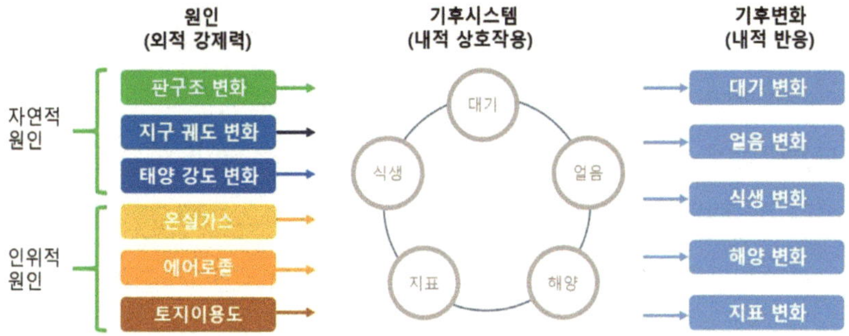

① (원인) 기후변화를 일으키거나 강제하는 외부의 힘.
② (기후시스템) 기후시스템의 내적 구성 요소(공기, 물, 얼음, 식생, 지표) 사이에서 상호작용을 함.
③ (기후변화) 기후시스템에 나타나는 기후 반응으로서 측정 가능한 변화임.

[그림 1] 지구 기후시스템과 각 구성 요소의 상호작용

기후변화는 장기간에 걸친 기간(대체로 수십 년 또는 그 이상) 동안 지속되면서, 기후의 평균 상태나 그 변동 속에서 통계적으로 의미 있는 변동으로 정의된다. 지구 기후가 변하는 원인은 크게 자연적인 원인과 인위적인 원인으로 구분한다.

〈자연적인 원인〉

기후변화는 태양 강도의 변화, 지구 공전궤도의 변화, 지구 판구조의 변화 등과 같은 외적 강제력과 기후시스템 구성 요소 간의 상호작용에 의해 끊임없이 일어난다. 태양강도 변화는 수백만 년 이상 장기적인 생애에 따른 에너지 변화뿐만 아니라 11년 주기의 흑점 활동으로 인해 방출되는 에너지에 기인한다. 지구에 도달하는 에너지가 감소하면 기온이 낮아진다. 15~18세기의 소빙하기는 태양 흑점 활동이 적었던 시기와 관련이 있다. 지구 공전궤도 변화는 지구의 자전축이 23.5도로 일정하게 기울어져 있어서 태양에너지를 받는 영역이 위도에 따라 달라지고, 남반부와 북반부가 교대로 태양에 더 가까이 기울어짐에 따라 계절이 생겨난다. 지구 판구조 변화 또는 움직임에 따른 화산활동은 많은 양의 화산재를 방출하고, 그 일부는 성층권에 수년간 머무르면서 태양 복사를 반사하므로 지표면에 도달하는 태양에너지가 감소하여 대류권의 기온이 낮아지는 현상이 나타난다. 또한 화산분출로 인해 온실가스인 이산화탄소가 대기 중으로 유입되기도 한다.

화산폭발에 의한 피해사례로, 1783년 아이슬란드 남부에 있는 라카기가르(Lakagigar)산에서 불화수소(HF)와 이산화황(SO_2) 가스의 대량 분출로 지구 대기권에 태양광 차폐막이 만들어졌다. 이로 인해 지구 온도가 내려가 극심한 추위와 굶주림 같은 재앙은 아이슬란드에 그치지 않고, 그 주변국으로 확대되었다. 특히 프랑스에서는 아이슬란드 화산폭발 이후 수년간 흉년이 들어 기근에 시달리는 민중들이 왕정에 대해 반란을 일으켰고, 이것을 1789년 프랑스 대혁명의 원인으로 보는 견해가 있을 정도다. 1991년에 폭발한 필리핀의 피나투보 화산은 1~3년 동안 전 지구의 평균기온을 0.2~0.5도 냉각시켰다.

〈인위적인 원인〉

온실가스[3] 농도 증가와 에어로졸(aerosol) 농도 변화, 토지이용도 변화 등 인간 활동이 기후변화를 초래한다. 기후변화에 관한 정부 간 협의체(IPCC[4]) 제5차 평가보고서(2014)에 따르면, 인간은 기후시스템에 명백한 영향을 미치고 있으며, 최근 배출된 온실가스 양은 관측 이래 최고 수준이다. 18세기 산업혁명 이후 인류에 의해 막대한 양의 온실가스, 에어로졸 등이 배출되었고, 경작을 위해 산림이 훼손되는 등 토지이용에도 많은 변화가 있었다.

대기 중에 이산화탄소, 메탄, 아산화질소 등의 온실가스 배출이 온난화의 주요 원인일 가능성이 크다(자세한 설명은 "온실효과와 온실가스"에 있음). 에어로졸은 대기 중에 떠 있는 고체 또는 액체 상태의 작은 입자[약 0.001~100마이크로미터(㎛)]로 연무, 황사, 안개 등의 기상현상과 관련이 있고, 주로 바람에 의한 비산(흩날림), 화산폭발, 산불 등 자연적인 요인과 산업 활동, 자동차 이용 등 인간 활동의 결과로 생성된다. 토지는 생물다양성뿐만 아니라 식량 공급, 담수와 기타 다양한 생태계 서비스 등을 제공한다. 또한 토지는 온실가스 배출 원인 동시에 흡수원이며, 지표면과 대기 간 에너지, 물, 에어로졸의 교환에 중요한 역할을 한다.

기후 되먹임(feedback)은 기후시스템에 존재하는 각 과정 사이에서 최초 과정의 결과가 두 번째 과정에 변화를 촉발하고, 이 과정

3) 온실가스 : 대기를 구성하는 여러 기체 가운데 온실효과를 일으키는 이산화탄소(CO_2), 메탄(CH_4), 아산화질소(N_2O), 수소불화탄소(HFCs), 과불화탄소(PFCs), 육불화황(SF_6) 등을 말함.

4) IPCC : Intergovernmental Panel on Climate Change.

이 다시 최초 과정에 번갈아 영향을 미치는 상호작용 메커니즘을 말한다.

① 양의 되먹임 : 지구온난화 → 반사도 높은 눈과 빙하 녹음 → 해양에서 햇빛 흡수 증가 → 온난화 가속

② 음의 되먹임 : 지구온난화 → 수증기 증발량 증가 → 구름의 햇빛 반사 증가 → 대기에서 햇빛 흡수 감소 → 온난화 감소

기후변화의 영향

기후 문제는 독립적인 쟁점이 아니라 인류가 직면한 인구 증가와 에너지 문제 등과 긴밀하게 연결되어 있다. 기후변화는 자연생태계에서부터 인간의 건강과 주거 환경, 농업, 축산, 산업 활동 등 사회·경제에까지 영향을 미친다. 지구환경의 물리적 변화는 기온과 강수량의 급격한 변화, 생태계 변화, 해수 온도와 해수면 상승 등을 초래하고, 이로 인하여 다양한 손실을 일으킨다. 특히 기후변화와 같은 자연재해는 공간적 경계를 넘어서 전 세계에 영향을 줄 뿐만 아니라 세대를 넘어서까지 영향을 미친다.

〈생태계에 미치는 영향〉

지구온난화에 따른 영향 중 가장 먼저 체감하는 것은 물 수급 문제다. 극지방 및 내륙지방의 고지대에 형성된 만년설은 겨울철에 얼었다가 봄철이 되면 녹아내려 저지대의 곳곳에 물을 지속해서 공급하는 역할을 한다. 지구온난화로 만년설과 빙하가 줄어들면, 물 수요

가 많은 봄철 이후 저지대의 물 공급이 줄어들거나 사라지게 되어 가뭄을 유발한다. 특히 만년설이 녹은 물에 크게 의존하는 인도와 중국 일부, 남미 안데스산맥, 아프리카 킬리만자로 지역에서는, 지구온도 상승에 의한 만년설의 빠른 감소가 봄·여름철의 물 부족이라는 연쇄반응을 일으켜 농업, 목축업 및 생활용수 공급에 어려움을 초래하고 있다[그림 2].

기온상승은 1차 먹이사슬에 해당하는 미생물의 서식 환경에 영향을 미치고, 이는 곤충류 등의 종류와 개체 수 변화, 병해충 증가 등 생태계에 심각한 영향을 줄 수 있다[그림 3]. 농작물 수량은 어느 한계 온도 이상으로 높아지면 광합성에 의한 생산활동보다는 호흡에 의한 소모가 많아져서 수량이 줄어든다. 다시 말해 지구온난화는 궁극적으로 농업생산량 감소를 초래한다. 또한 지구온난화는 농작물의 주산지 이동과 연근해 어류자원에도 변화를 가져온다.

최근 지구온난화로 눈 면적이 빠르게 감소하는 추세임. 중국의 양쯔강과 황허강, 인도의 인더스강과 갠지스강은 티베트 고원의 빙하로부터 풍부한 물을 얻고 있으므로, 이 고원의 빙하와 눈은 아시아인들에게는 중요한 담수 자원임.

[그림 2] 티베트 고원의 빙하와 눈

기온상승에 따라 급속히 증가한 갈색날개매미충 · 미국선녀벌레 · 꽃매미 등의 외래 병해충은 나무줄기의 즙액을 빨아 먹고 배설물을 분비하여 과일이나 잎에 피해를 주는 주요 해충임.
출처 : 굿타임즈, 2018.05.28.

[그림 3] 외래 돌발병해충

〈사회 · 경제에 미치는 영향〉

기후변화는 물 부족과 수급 불안정을 초래함에 따라 곡물 수확량 감소, 산불피해 증가, 에너지 공급 불안정 등의 악영향을 미친다. 지구 온도가 상승하면 겨울철에 난방 연료 사용이 감소하지만, 여름철 냉방 에너지 수요는 오히려 더 증가한다. 냉방을 위해 2차 에너지인 전기 사용이 늘어나고, 전기 생산을 위한 화석연료 사용량 증가는 또 다시 온실가스와 오염물질의 배출 증가로 지구온난화를 촉진하는 결과를 가져온다.

탄소중립과 기후변화 대응을 고려할 때, 온실가스 배출량의 비율이 높은 철강, 알루미늄 등 금속 제조업, 시멘트 제조업과 같은 에너지 집약산업은 부정적인 영향을 받고 축소될 분야이지만, 태양광 · 풍력 · 지열 등 신재생에너지 산업, 이산화탄소의 포집과 저장, 에너지 효율성 관련 산업 등은 확대될 전망이다. 기후변화에 의한 지역적

독일 쾰른 인근을 흐르는 라인강이 가뭄으로 수위가 낮아져 많은 배들이 통행하기 어려울 정도로 강바닥을 드러내 보임. 선박 흘수를 낮추려고 화물 운송량을 평소 4분의 1 이하로 낮춰 운항함.
출처 : 뉴시스, 2022.08.11.

[그림 4] 독일 라인강의 물 부족

광주의 주 식수원인 동복댐 취수탑. 겨울 가뭄으로 저수율 28퍼센트로 진입, 50년 만에 최악 가뭄, 광주는 1993년 이후 30년 만에 제한 급수가 불가피함.
출처 : 시사저널, 2023.02.11.

[그림 5] 광주 · 전남의 겨울 가뭄

강수량과 하천 유량 변화는 선박 수송에 지장을 초래하고, 이는 물류에 차질을 빚어 국민 생활과 산업 활동에 악영향을 미친다[그림 4]. 또한 기후변화의 물리적 · 생태적 영향은 불안전한 식수공급, 영양실조, 질병 확산 등 국민 건강을 위협하기도 한다[그림 5].

지구온난화

자연적 기후변화 요인으로 지구가 조금씩 따뜻해지면서, 지구는 서서히 빙하기를 벗어나 홀로세에 접어들었다. 홀로세는 20세기에 이르기까지 1만 2천 년간 이어졌고, 그동안 지구 온도는 안정적으로 유지되어 평균을 중심으로 1도 이내의 변동을 보였다. 이렇게 안정된 환경 덕분에 인류가 정착하여 농사를 짓고, 도시를 발전시키고, 산업 활동과 대량생산을 통해 번성하여 인구가 77억 명에 이르렀다. 그러나 지난 50년간 인간은 지구환경의 건전성을 심각하게 훼손함으로써 스스로 지구살이를 위태롭게 만들었다. 이를테면 무절제한 화석연료 사용과 방대한 산림파괴 등 때문에 대기 중 온실가스 농도는 빙하기 이후 유례가 없는 높은 수준으로 증가하였다. 그로 인해 전 세계에서 홍수, 폭염, 가뭄, 산불, 태풍, 허리케인 등 기상이변의 빈도가 잦아지고 강도도 점점 높아지고 있다.5)

지구 평균온도가 급격히 상승하고 있는데, 이러한 현상을 지구온난화(global warming)라고 한다. 기후과학자들은 인류가 현재와 같은 방식으로 온실가스를 배출하면, 1.5도 혹은 2도 상승이라는 돌이킬

5) 크리스티아나 피케레스 · 톰 리빗카낵 지음, 홍한결 옮김, 2020, 기후 위기 시대 미래를 위한 선택, 김영사, pp.29-31.

수 없는 수준의 지구온난화가 발생할 것으로 전망했다. 세계기상기구(WMO) 발표에 따르면, 2020년 전 지구 평균 표면온도(GMST[6])는 약 14.9도(육지 온도는 약 10.1도, 바다 해수면의 수온은 약 16.9도)이고, 산업화 이전(1850~1900년 평균)보다 1.26도 상승했다[그림 6]. 이는 파리협정 합의의 공통 결론인 지구온난화 한계점(산업화 이전 대비 GMST 상승을 1.5도 이내로 억제)에 가까워졌다는 것을 의미한다.

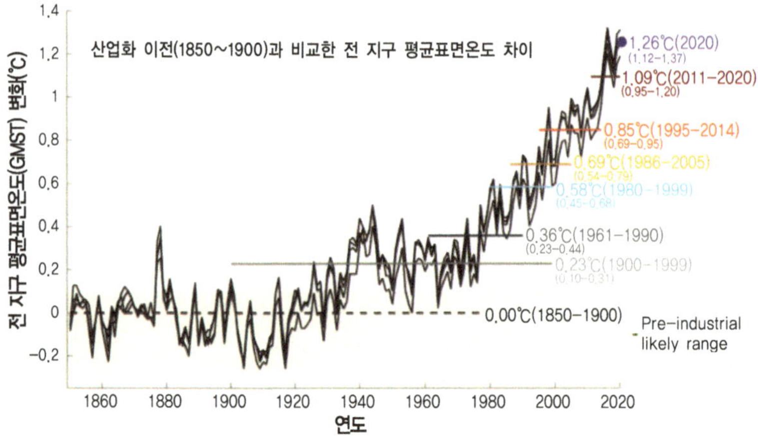

출처 : NIMS, 2020, IPCC 6차 평가보고서 대응 전 지구 기후변화 전망보고서 : 미래 시나리오 4종에 따른 기후변화 전망(개정판), 국립기상과학원(NIMS).
IPCC, 2021, Climate Change 2021 : The Physical Science Basis, Contribution of Working Group Ⅰ to the Sixth Assessment Report of the Intergovernment Panel on Climate Change, Cambridge University Press(In Press).

[그림 6] 전 지구 평균표면온도(GMST)의 변화

지구 평균온도 1도 정도의 변화는 일교차와 비교하여 큰 기온 차이로 보지 않는데, 이는 '평균'이 주는 착시효과 때문이다. 고작

6) GMST(Global Mean Surface Air Temperature)는 '육지 · 해빙(海氷)의 표면에 가까운 기온'과 '얼음이 없는 바다의 해수면 온도(수온)'를 함께 고려한 실측 온도임.

1도라는 작은 숫자이지만, 이는 실제 극단적인 기상현상에 아주 큰 영향을 미친다. 사람들 체온이 정상에서 1도를 넘으면 미열이 발생하고, 1.5도를 넘으면 고열로 신속히 치료를 받아야 한다. 기후학에서도 1~2도는 매우 심각한 문제를 초래한다. 온도가 1도 올라갈 때마다 대기의 수증기량이 2~3%(이론적으로 최대 7%) 증가하고, 바다 위 수증기가 응축하면서 방출하는 잠열(응축열)[7]은 태풍, 허리케인, 사이클론 등 열대성 저기압 생성과 성장의 주 에너지원 역할을 한다. 이를테면 바다 위 수증기가 증가할수록 태풍의 위력이 강해지고, 폭우로 이어지는 등 이로 인한 피해가 커진다. 또한 극지방 온도가 올라가면 적도와의 온도 차가 점점 줄어듦에 따라 대기가 더 순환되지 않고 한자리에 머무는 '대기 정체' 현상도 빈번하게 발생한다. 이는 살인적인 불볕더위(폭염)와 고농도 미세 먼지의 원인이 된다.

산업화 이전에는 10년에 한 번 발생하던 극한 고온 현상이 지구 평균온도가 1.2도 상승한 현재에는 2.8회 발생했고, 극한 강수는 1.3회 더 자주 발생했다. 만약 1.5도 온난화하면 극한 고온이 4.1회, 극한 강수가 1.5회 더 빈번하게 발생할 뿐 아니라 극한 고온은 더 뜨거워지고, 극한 강수는 더 세지는 것으로 전망하였다. 결론적으로 지구온난화 수준이 높아질수록 재난 발생 횟수와 강도 변화는 심해진다[그림 7].

7) 잠열 : 물질이 기체, 액체, 고체 사이에서 상변화가 일어날 때 열을 흡수 또는 방출하는 현상이 일어나지만, 온도는 변하지 않으므로 이 열을 잠열이라 한다. 물이 응결된 후 결빙이 될 때 에너지를 잃고 열을 방출하는데, 수증기가 물이 될 때는 물 1g당 600cal만큼의 열량을 방출하고, 이렇게 방출된 열은 폭풍을 형성하는 데 필요한 에너지를 제공한다.

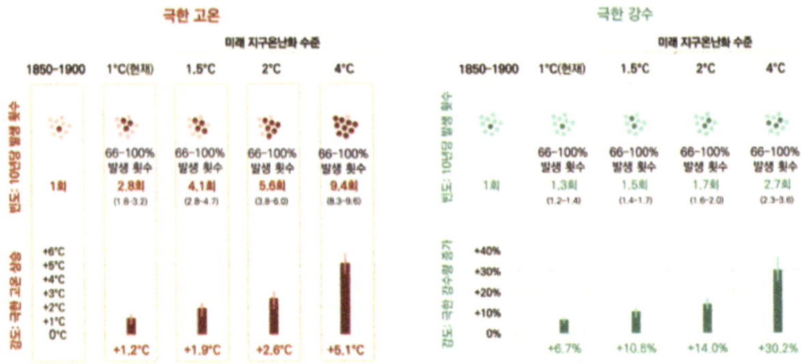

출처 : IPCC, 2021, Climate Change 2021 : The Physical Science Basis, Contribution of Working Group I to the Sixth Assessment Report of the Intergovernment Panel on Climate Change, Cambridge University Press.(In Press)

[그림 7] 향후 10년 동안의 극한 고온 및 극한 강수 발생빈도

가장 최근 빙하기의 지구 온도는 지금보다 겨우 6도 낮았고, 공룡이 지배하던 시절에는 4도 높았다.[8] 기후변화에 따른 지구온난화는 그저 서서히 온도가 올라가는 현상이 아니라 기온의 변동 폭이 커지며, 극한 기온(폭염, 한파)이나 극한 강수량(폭우, 폭설, 극심한 가뭄)이 더욱 빈번해지는 전 지구적 변화를 의미한다. 앞으로 세계 곳곳에서 2023년과 같은 불볕더위가 언제든지 반복될 것이며, 더 자주 그리고 더 강한 더위가 찾아오기 쉽다는 뜻이다.

우리나라의 최근(1991~2020년) 평균기온은 13.7도로서 가장 오래된 기후 평년값(1912~1940년)보다 1.6도 상승하였다. 국내 평균기온은 10년마다 0.19도 상승하였고, 그 속도가 세계 지표기온 상승 속도(0.14도/10년)보다 더 빠르다. 그 결과로 지난 100여 년간 여름 지속 기간이 20일 늘어난 반면에, 겨울 지속 기간은 22일 단축되었

8) 빌 게이츠 저, 김민주 · 이엽 옮김, 2021, 기후재앙을 피하는 법 : 1장 왜 제로인가? 김영사, pp.30-38.

다. 열대야 일수[9]는 8.4일 증가하였으나 결빙일수는 오히려 7.7일 감소하였다. 결론적으로 한반도는 세계 평균보다 훨씬 빠른 속도로 온난화가 진행되고 있으며, 이로 인해 앞으로 강수량의 증가와 집중호우 및 가뭄이 심화할 것으로 전망된다〈표 1〉.

〈표 1〉 우리나라의 100여 년간 기후변화와 지구온난화 추이

구분	[1991~2020]-[1912~1940] (10년당 변화율)	구분	[1991~2020]-[1912~1940] (10년당 변화율)	구분	[1991~2020]-[1912~1940] (10년당 변화율)
평균기온 [12.1℃ 1912~1940 → 13.7℃ 1991~2020]	+1.6℃ (+0.20℃)	최저기온	+1.9℃ (+0.24℃)	강수량	+135.4mm (+17.71mm)
				강수일수	+21.2일 (-2.73일)
최고온도	+1.1℃ (+0.13℃)	연 최저기온	+3.1℃ (+0.36℃)	강수강도	+1.6mm/일 (+0.21mm/일)
				여름 강수량	+97.3mm (+15.55mm)
				겨울 강수량	-9.3mm (-0.65mm)
여름 계절길이	20일 길어짐	겨울 계절 길이	22일 짧아짐	일 10mm 미만 강수량	-5.7mm (-0.70mm)
폭염일수	+1.0일 (+0.09일)	한파일수	-4.9일 (-0.61일)	일 80mm 이상 강수량	+77.6mm (+10.16mm)
열대야일수	+8.4일 (+1.06일)	결빙일수	-7.7일 (-0.88일)	호우일수	+0.6일 (+0.08일)
온난일	+1.7일 (+0.12일)	한랭일	-16.4일 (-1.91일)	1일 최다강수량	+14.3mm (+2.05mm)
온난야	+8.5일 (+1.12일)	한랭야	-21.3일 (-2.62일)	최대 무강수 지속기간	+0.1일 (변화없음)

출처 : 기상청 기후과학국 기후변화감시과 & 국립기상과학원 미래기반연구부, 2021, 우리나라 109년(1012-2020) 기후변화분석 보고서, 기상청&국립기상과학원.

9) 열대야는 여름에 18시부터 다음날 9시까지 최저기온이 25도 이상으로 무더위로 숙면하기 어려운 밤을 말함.

북극과 남극의 해양 위에 떠 있는 해빙(sea ice)은 해수면 에너지 교환에 영향을 준다. 지구온난화로 극지방의 해빙이 줄어들면 햇빛을 더 적게 반사하고, 해양에서 햇빛을 더 많이 흡수해 온난화를 가속한다. 영구 동토층은 지층 온도가 2년 넘게 물 어는점 이하로 유지되어 꽁꽁 얼어붙은 토양층이다. 영구 동토층은 대부분 수천~수만 년 전부터 얼어붙어 있는 탓에 흙과 얼음은 물론이고, 그 당시 식물들의 잔해와 미생물, 그리고 석탄, 석유, 천연가스 등 광물도 묻혀 있다. 이 동토층에는 대기 중 탄소 형태로 존재하는 양보다 최소 2배나 많은 탄소가 메탄 등의 형태로 존재한다. 만약 지구온난화로 동토층이 녹게 되면, 갇혀 있던 온실가스가 대기로 방출되어 지구온난화를 가속할 우려가 있다. 더욱이 과거의 미생물이 깨어나면서 그동안 접해보지 못했던 새로운 질병이 출현할 것이다[그림 8].

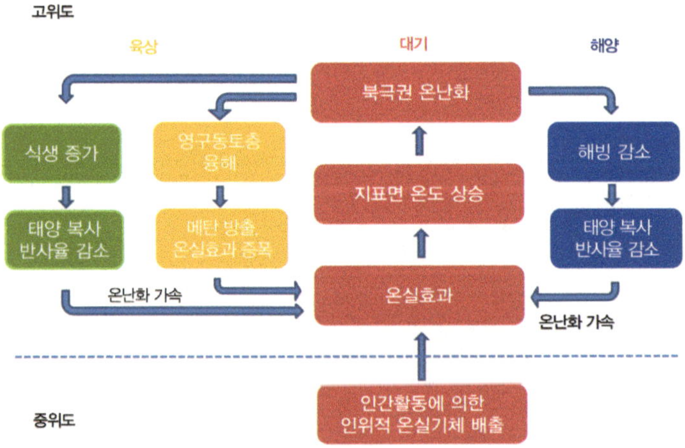

[그림 8] 기후 되먹임 메커니즘[10]

10) 하호경 · 김백민, 2018, 그림으로 보는 극지과학 1 : 극지과학자가 들려주는 기후변화 이야기, 지식노마드, p.34.

온실효과와 온실가스

지구는 태양계에서 생명체가 살기에 가장 적합한 위치에 있고, 자기장을 가지고 있을 뿐만 아니라 온실가스를 조절하고 양분을 순환시키는 데 필요한 시스템이 갖춰져 있다. 그리고 무엇보다 다양한 생명체가 진화하며 살아갈 수 있도록 안정적인 기후가 오랫동안 유지되었다. 약 200년 전 프랑스 수학자 조세프 푸리에(Joseph Fourier)는 지구가 햇빛을 받으면서도 계속 뜨거워지지 않는 이유로, 지구에 입사된 태양에너지만큼 지구에서 방출하기 때문이라는 사실을 알아냈다.

태양으로부터 지구에 들어오는 짧은 파장의 태양 복사에너지[11]의 일부는 대기와 지표면에 의해 반사되어 우주로 빠져나간다. 나머지는 대기를 통과하여 지표면에 도달·가열하는데, 이때 파장이 긴 적외선 복사에너지(지구 복사에너지[12]로 불림)로 변한다. 이 지구 복사에너지의 일부는 대기를 통과하여 우주로 빠져나가고, 또 다른 일부는 대기 중의 수증기, 이산화탄소, 오존 등에 흡수되거나 온실가스 분자에 의해 사방으로 재방출한다. 이를테면 지구 복사에너지가 빠져나가지 못하고 지표면과 하류 대류권을 가열시키는데, 이를 '온실효과'라 한다[그림 9].

11) 복사란 열이 매질 없이 직접 전달되는 방법으로, 즉 파동이나 입자의 형태로 에너지를 방출하는 것이고, 복사에너지란 이러한 방출을 통해 퍼져나가는 에너지를 말함.

12) 지구에서 방출된 에너지 중 파장이 긴 에너지는 온실가스에 흡수되고, 이 에너지는 온실가스 분자와 충돌하고, 이들이 더 빨리 진동하게 만들어 대기의 온도를 높임.

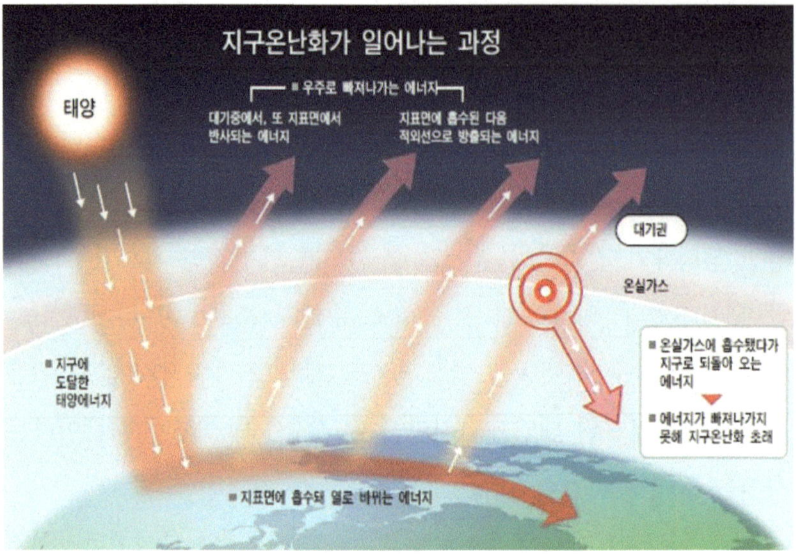

출처 : 유엔환경계획(UNEP)

[그림 9] 지구온난화 원리

온실효과는 인간이 초래한 재앙처럼 자주 언급하지만, 지구를 이불처럼 덮는 효과 때문에 지구는 화성처럼 얼어붙는 운명을 피했다. 즉 지구의 평균온도를 영하권에서 섭씨 15.5도까지 끌어올렸다. 다시 말해 온실효과는 지구 온도를 인간과 생물이 살기 적당한 온도를 유지해 주는 역할을 하므로 꼭 필요하다. 그러나 지구를 떠나지 못한 열은 해양에 91퍼센트(수온 상승), 육지에 5퍼센트(육지 온도 상승), 빙권에 3퍼센트(얼음 융해), 대기에 1퍼센트(기온 상승)씩 나뉘어 축적된다. 이렇게 축적된 열은 지구의 생물과 자연환경에 변화를 일으킨다.

지구온난화에 우리가 지금까지 버틸 수 있는 건 바다가 가진 고열용량 특성 때문이다. 바닷물이 순환하는데, 또 열이 고르게 퍼지는데 오랜 시간이 걸리고 쉽게 변하지도 않는다. 바다의 온도 유지에는 한계가 있고, 바다에 갇힌 열은 어떤 식으로 든 다시 방출할 수밖에 없는데, 한번 문턱을 넘으면 그다음부터는 걷잡을 수 없을 정도로 온도가 상승한다는 사실이다. 이것이 인류 문명에 대한 거대한 위협이 될 수 있다.

공기의 약 99퍼센트를 차지하는 질소(N_2)와 산소(O_2)처럼 같은 원자로 구성된 이원자 분자와 0.93퍼센트의 아르곤(Ar) 같은 단원자 분자는 적외선 복사에너지를 흡수하지 않는다. 반면에 온실가스인 이산화탄소(CO_2), 메탄(CH_4), 아산화질소(N_2O), 프레온(CFC)처럼 서로 다른 원자들이 결합한 분자는 적외선 복사에너지를 흡수한다. 에너지를 흡수한 온실가스는 주변에 있는 질소와 산소를 움직여서 전체 공기 운동에너지가 커져 기온이 상승한다.

이산화탄소는 인간의 화석연료 소비 증가로 배출되는 대표적 온실가스로, 대기 중에 100~300년 동안 머무르고, 전체 온실효과의 약 65퍼센트를 차지한다. 화석에너지 사용과 시멘트 생산 등 인간 활동, 동·식물 호흡, 유기물 부패, 화산활동과 같은 자연 활동에 의해 대기 중에 배출된다. 배출된 이산화탄소의 약 60퍼센트가 식물의 광합성 작용과 해양 흡수로 제거되지만, 나머지 40퍼센트는 대기 중에 남아 농도를 증가시킨다.

메탄은 이산화탄소 다음으로 중요한 온실가스 중 하나로 피피비(ppb, 10억분의 1) 수준으로 대기 중에 존재한다. 주요 배출원은 습지, 바다, 벼농사, 발효, 화석연료 등 다양하다. 다른 온실가스에 비해 체류시간이 12년으로 짧아 배출량을 줄이면, 가장 빠르게 온실가스 감소 효과를 볼 수 있다. 아산화질소는 해양, 토양 등이 발생원이고, 화석연료와 비료 사용, 생태 소각, 그리고 여러 산업공정에서도 배출된다. 아산화질소는 대기 중에서 114년 정도 체류되고, 성층권으로 올라가 광분해되어 성층권 오존을 파괴하면서 소멸한다.

만약 온실가스가 없다면, 지구 평균기온은 -19도가 될 것이다. 그러나 대기 중에 이산화탄소, 메탄, 수증기 등의 온실가스에 의해 지구 평균기온을 약 14도로 유지함으로써 인류가 살기 좋은 기온을 만들고 있다. 그러나 지난 130여 년간 지구 평균기온이 상승하는 지구온난화가 진행되었다. IPCC 제5차 평가보고서는 1950년 이후 석유·석탄·가스 등 화석연료를 대량 사용하는 인간 활동이 지구온난화를 유발할 가능성이 95퍼센트 이상으로 매우 높다는 결론을 내렸다.

전 지구 대기 중 평균 이산화탄소 농도는 산업화 이전 280피피엠(ppm, 100만분의 1) 수준에서 2019년도에 약 410피피엠으로 증가하였고, 지난 10년(2010~2019) 동안 매년 약 2.39피피엠씩 상승하였다. 2021년에 414피피엠 수준에 도달했는데, 기후과학자들은 450피피엠에 이르면 회복 불가능한 기후변화가 초래될 것이라고 우려하고 있다. 대기 중으로 배출되는 이산화탄소의 약 1/3이 바닷물에 용해되면서 해수의 산성화를 촉진하였다. 세계기상기구(WMO)의 최근 평가 결과에 따르면, 3대 온실가스는 2020년에도 대기 중 농도가 상승했다〈표 2〉.

〈표 2〉 3대 온실가스 증가[13)]

3대 온실가스	2020년 지구 평균	[2020]/[1750]	지구온난화지수[14)]
이산화탄소(CO_2)	413.2±0.2ppm	149%	1
메탄(CH_4)	1889±2ppb	262%	28
아산화질소(N_2O)	333.2±0.1ppb	123%	265

출처 : WMO(2021, October), WMO Greenhouse Gas Bulletin : The State of Greenhouse Gases in the Atmosphere Based on Global Observations through 2020, World Meteorological Organization(WMO).

일반적으로 오염물질은 화학반응을 통해 사라지거나 빗물에 씻겨 대기 중에서 며칠만 머문다. 이에 비하면 이산화탄소를 비롯한 온실가스는 대기에 남아 계속해서 지구에 영향을 미친다. 한편 온실효과를 가장 크게 일으키는 수증기는 일반적으로 온실가스로 분류하지 않는다. 인간이 대기 중 수증기량을 변화시킬 정도로 많은 양을 직접 배출하지 않기 때문이다.

온실가스는 인간이 직접 배출해서 온난화에 이바지하는 기체만을 의미한다. 온실가스가 증가하면, 지구온난화로 말미암아 해양에서 증발량이 많아져 대기의 수증기량을 증가시킨다. 지구 평균기온이 1도 상승하면, 수증기가 이론적으로 7퍼센트 증가한다. 결과적으로 수증기는 온난화의 직접적인 원인은 아니지만, 온난화를 가속하는 양의 되먹임으로 작용한다. 태양과 가까운 행성인 금성은 너무 뜨거워 물이 증발해 늘어난 수증기로 온실효과가 폭주하면서 펄펄 끓어 올

13) 박훈, 2021, 지속 가능한 미래를 위한 기후변화 데이터북, 사회평론아카데미, pp.27, 82-84.

14) 지구온난화지수 : 이산화탄소 1kg과 비교하여 온실가스가 대기 중에 방출된 후 특정 기간 그 가스 1kg의 상대적 온난화 효과.

라 생명체가 살 가능성이 전혀 없다.

〈표 3〉 전 세계 부문별 온실가스 총배출량 비중(2016년 기준)

분야	점유율	세부 분야별 점유율
에너지	73.2%	산업 부문 에너지 사용 24.2%
		건물에너지(전기 및 열) 7.5%
		수송 16.2%
		에너지 9.5%
		에너지 생산 시 탈루 배출 5.8%
농업 · 산림 · 토지이용(AFOLU)	18.4%	축산 및 분뇨 5.8%
		농업 토양 4.1%
		작물 소각 3.5%
		산림 용지 2.2%
		작물 용지 1.4%
		벼농사 1.3%
		초지 0.1%
산업공정	5.2%	시멘트 3.0%
		화학 및 석유화학 2.2%
폐기물	3.2%	매립 1.9%
		폐수 1.3%

출처 : 박훈, 2021, 지속 가능한 미래를 위한 기후변화 데이터북, 사회평론아카데미, p.80.
Ritchie, H., & Roser, M., 2020, Emissions by sector, Our World in Data, http://ourworldindata.org/emission-by-sector.

산업화 이후 인류가 배출한 온실가스의 약 76.4퍼센트는 상위 20개국에서 배출하였다. 2019년 기준으로 우리나라는 20위의 온실가스 배출국이다. 전 세계 부문별 온실가스 총배출량(2016년 기준)은 494억tCO$_2$-eq(이산화탄소 상당량톤[15])이고, 이 중 에너지 부문이 73.2

퍼센트, 농업 · 산림 · 토지이용(Agriculture, Forest and Other Land Use : AFOLU)부문 18.4퍼센트, 산업공정 5.2퍼센트, 폐기물 3.2퍼센트를 차지한다〈표 3〉. 2018년 기준 우리나라에서 배출한 온실가스(총 7.27억tCO_2-eq) 중 전화(전기 및 열 생산) 부문이 37퍼센트(2.69억tCO_2-eq)를 차지한다.

전 지구 연평균 이산화탄소 배출량(2010~2019)은 399억 톤, 흡수량은 217억 톤으로, 대기 중 이산화탄소는 매년 약 182억 톤씩 증가하고 있다. 우리나라는 약 6.1억 톤의 이산화탄소를 배출하여 세계에서 9번째 배출국이다. 또한 연간 1인당 배출량은 약 11.8톤으로 세계 18위이고, 세계 평균보다 2.5배 높다.[16)]

기후변화에 대응한 국제사회의 노력

온실가스는 시간이 지남에 따라 대기 중에 누적되고 지구 전체로 확산한다. 개인, 지역사회, 기업, 국가 등 각 경제주체의 배출행위는 제삼자의 경제활동이나 생활에 영향을 미친다. 각 주체가 독단적으로 해당 국가나 기관의 이익만을 고려하면, 기후변화를 효과적으로 완화할 수 없다. 다시 말해 기후변화 문제를 해결하기 위해서는 국가와 국제기구 등 전 지구 차원의 협력적인 대응이 필요하다. 기후변화와 관련하여 활동하고 있는 대표적인 국제기구는 '기후변화에 관한 정부 간 패널(IPCC)'

15) 이산화탄소 상당량톤(CO_2-eq: Carbon Dioxide Equivalent) : 온실가스 종류에 따라 온난화 효과를 유발하는 능력이 다르므로, 이산화탄소를 기준(=1)으로 온실가스마다 다른 온난화 지수(예, 메탄가스=28)를 부여하고, 이를 고려하여 모든 온실가스를 이산화탄소의 양으로 환산하여 표시함.

16) 박훈, 2021, 지속 가능한 미래를 위한 기후변화 데이터북, 사회평론아카데미, pp.79-89.

과 'UN 기후변화협약(UNFCCC[17])'이다.

IPCC는 1988년에 설립되었고, 세계 각국의 과학자들이 수많은 연구보고서와 논문을 검토 · 검증 · 보완하여 5~8년 주기로 IPCC 평가보고서를 발간하고 있다. 그동안의 주요 활동 내용을 정리하면 다음과 같다.[18]

- 제1차 평가보고서(1990) : 명확한 인간의 책임 구분이 향후 10년 이내 어렵다. → UNFCCC 채택(1992)
- 제2차 평가보고서(1995) : 인간 활동으로 인한 영향을 구분할 수 있다. → 교토의정서 채택(1997)
- 제3차 평가보고서(2001) : 인간 활동에 기인할 가능성이 67% 정도이다.
- 제4차 평가보고서(2007) : 온실가스가 지구온난화 원인일 가능성은 90% 정도이다. → 기후변화 심각성을 전파한 공로로 노벨평화상 수상(전 미국 부통령 앨 고어 공동수상)
- 제5차 평가보고서(2014) : 20세기 중반 이래 인간 활동이 지구온난화를 유발하였을 가능성은 95% 정도이다. → 파리협정 채택과 Post-2020 신기후체제 출범(2015)
- 제6차 평가보고서(2021) : 1.5도 지구온난화 도달 시점이 2021~2040년으로 앞당겨졌음

17) UNFCCC : United Nations Framework Convention on Climate Change.

18) 최기련, 2018, 한국과학기술한림원『석학, 과학기술을 말하다』 시리즈 32 : 에너지와 기후변화, 자유아카데미, pp.207-209.

UNFCCC는 각 국가 온실가스의 인위적 배출을 규제하기 위한 협약을 목적으로 1992년도에 설립되었고, 매년 회의를 개최하고 있다. 이 회의에는 주로 국가의 정책결정자, 외교관 등이 참여하고, 모든 당사국은 온실가스 감축을 위한 국가전략을 수립 · 시행 · 공개하고, 관련 통계자료와 정책 이행 보고서를 협약 당사국 총회(COP : Conference of the Parties)에 제출해야 한다.

제3차 당사국 총회(COP3, 1997년 12월, 일본 교토에서 개최)에서는 온실가스 감축 목표를 부과한 교토의정서(Kyoto Protocol)를 채택하였다. 교토의정서는 선진국 사이에서 법적 구속력이 있는 온실가스 배출량의 감축 목표를 설정한 최초의 합의였다. 기후변화의 주범인 6개 온실가스를 정의하고, 세 가지 교토 메커니즘, 즉 청정개발체제(CDM)[19], 배출권거래제(ETS)[20] 및 공동이행제도(JI)[21]를 도입했다. 그러나 감축 의무 가입국의 감소와 그 배출량의 합이 전 세계 온실가스 배출량의 15퍼센트에 불과하는 등 한계를 나타냈다.

2015년 12월 12일에 개최된 COP21에서 파리협정을 체결함으로써 Post-2020 시대의 '신기후체계(New Climate Regime)'를 출범시켰다. 파리기후변화협약에서는 산업혁명 이전보다 지구 평균기온 상승을 2

---

19) 청정개발체제(Clean Development Mechanism : CDM) : 온실가스 감축 의무가 있는 선진국이 감축 의무 없는 개발도상국에서 온실가스 감축 사업에 투자하여 발생한 온실가스 감축분을 투자국의 의무감축량에 포함할 수 있도록 함.

20) 배출권거래제(Emission Trading Scheme : ETS) : 감축의무국가가 의무감축량을 초과하여 달성하였을 경우, 그 초과분을 다른 국가에 팔 수 있고, 반대로 의무를 달성하지 못한 경우에는 부족분을 다른 국가로부터 사들여서 의무를 이행하는 제도.

21) 공동이행제도(Joint Implement : JI) : 온실가스를 의무적으로 감축해야 하는 국가들 사이에서 온실가스 감축 사업에 투자하여 얻은 온실가스 감축분을 투자국의 온실가스 감축 실적으로 인정하는 제도.

도 이내로 안정시킨다는 목표를 잡았다. 그러나 2018년 10월 인천에서 열린 IPCC 총회에서는 산업혁명 이전 수준보다 1.5도 이내로 제한하는 "지구온난화 1.5도 특별보고서"를 발표했다. 지구온난화를 1.5도 이내로 막으면, 2도 상승하는 것에 비해 인류에 닥칠 기후변화 위험을 크게 줄일 수 있다. 해수면 상승을 10센티미터 낮게 유지하면, 피해 볼 사람이 1,000만 명이나 줄어들고, 물 부족으로 고통받는 사람들의 수와 열대지방의 옥수수 생산량 손실을 절반으로 줄일 수 있다. 극심한 폭염에 노출되는 사람도 약 4억 2,000만 명 줄어들 것으로 전망했다.

〈표 4〉 교토의정서와 파리협정 비교

교토의정서	구분	파리협정
온실가스 배출량 감축 - 1차 5.2%, 2차 18%	목표	지구 평균기온을 2℃ 목표 및 1.5℃ 목표 이내로 안정화에 노력
온실가스 감축에 초점	범위	감축을 포함한 적응, 재정지원, 기술이전, 역량강화 및 투명성
주요 선진국 37개국	감축 의무국가	195개 협약 당사국
하향식(Top-down) 강제 할당	목표 설정 방식	상향식(Bottom-up) 자발
징벌적(미달성량의 1.3배를 다음 공약기간에 추가)	목표 불이행 시 징벌 여부	비(非)징벌적
언급 없음	목표 설정 기준	진전원칙
공약 기간에 종료 시점에 있어 지속 가능한지 의문	지속가능성	종료 시점을 규정하지 않아 지속 가능한 대응 가능
국가 중심	행위자	국가 및 비(非)국가 이해관계자

파리협정의 주요 내용은 첫째, 선진국과 개발도상국 모두가 같은 수준의 온실가스 감축 의무를 부과하는 것이 아니라 각국의 다양한 여건을 참작해 감축 의무에 차등을 둔다. 둘째, 국가 결정기여(Nationally Determined Contributions : NDC)를 도입해 당사국이 온실가스 감축 목표를 자발적으로 설정한다. 당사국이 제출한 NDC를 잘 이행하는지를 점검하기 위해 '글로벌 이행점검'을 도입하고, 2023년부터 실시할 예정이다. 교토의정서와 파리협정의 차이는 〈표 4〉에서와 같다.

탄소중립과 기후변화 대응 방안

탄소중립은 대기 중 이산화탄소 농도가 더이상 높아지지 않는 것을 말한다. 즉 화석연료 사용에 따른 온실가스 배출량이 지구의 이산화탄소 흡수량과 균형을 이루는 상태이다. 지구 평균기온을 산업화 이전 대비 1.5도 이하로 억제하기 위해서 2050년까지 전 지구적으로 이산화탄소 순 배출량이 '0'이 되는 '탄소중립(Net Zero)'을 달성해야 한다. 2050년까지 탄소중립을 실현한다고 해도 기후변화를 완전히 막을 수 없다. 왜냐하면 이미 배출된 온실가스는 대기권에 오랫동안 남아서 지구온난화 역할을 하기 때문이다. 다시 말해 인간과 자연의 피해는 막대할 것이다. 그렇다고 지금 가만히 있으면 더 큰 피해가 올 수밖에 없다. 지구 기온상승 폭을 1.5도로 억제해야만 최악의 상황을 막을 수 있다.

기후변화에 대한 대응 또는 해법은 '저감(Mitigation)'과 '적응(Adaptation)'으로 구분한다. 먼저 최악의 시나리오는 피해야 한다.

지구 온도가 최고 6.4도 이상 오르지 않도록 어떻게든 온실가스를 줄여야 한다. 또한 앞으로 지구 온도가 1.2도 이상 오른다고 생각하고 적응 대책도 함께 수립해야 한다. '저감'은 기후변화 원인인 온실가스 배출량을 줄이는 정책이고, 이에 비해 '적응'은 이미 배출한 온실가스로 인해 기후변화를 피할 수 없는 상황에서 그로 인한 피해를 줄이는 정책이다.

기후변화에 대응하기 위한 많은 적응과 저감 방안들이 있지만, 하나의 방안만을 사용하면 충분한 효과를 기대하기는 어렵다. 효율적 이행을 위해서는 관련 정책과 협력을 유도하는 것이 중요하고, 적응 및 저감 대책을 다른 사회적 목표와 연계하는 통합적 대응을 통해 그 효과성을 향상할 수 있다. 여기에는 효율적인 제도 및 거버넌스 설정, 환경친화적 기술 도입, 기반 시설 혁신과 투자, 지속 가능한 생활 및 행동양식과 생활 방식의 선택 등이 있다.[22)]

〈저감〉

기후변화 저감 또는 완화는 세대 간 정의를 구현하기 위한 정책이다. 기후변화 저감의 핵심 대책은 화석연료 사용을 줄이는 것이다. 당장 우리 세대가 온실가스 배출을 멈춘다고 하더라도 인류가 지금까지 대기 중에 배출한 온실가스가 상존해 있으므로 지구의 온도는 계속해서 올라간다. 다음 세대는 현재 세대가 배출한 온실가스로 인하여 혜택을 보지 못하고, 오히려 피해만 감당해야 한다.

22) 최기련, 2018, 한국과학기술한림원『석학, 과학기술을 말하다』시리즈 32 : 에너지와 기후변화, 자유아카데미, pp.186-189.

기후변화 대처를 위해서는, 첫째로 다양한 새로운 에너지기술을 개발한다. 무엇보다 온실가스를 배출하지 않고 에너지를 얻을 수 있는 대체 에너지 기술—바이오연료, 태양발전, 풍력발전, 수소연료, 상황에 따라 한시적인 원자력 발전 등—연구가 시급하다. 배출된 탄소를 재사용하거나 매장하는 등의 탄소 포집 및 저장 또한 적지만 어느 정도 효과를 발휘할 수 있다. 전기를 효율적으로 저장할 수 있는 기술을 개발해서 태양과 풍력으로 만들어지는 불규칙한 에너지를 더 안정적으로 사용할 수 있도록 해야 한다. 또한 화석연료를 최소한으로 사용하면서 현대산업의 핵심 원자재(철강, 시멘트, 비료 등)를 생산하는 기술과 효율적인 재활용 기술, 그리고 생산할 때 화석연료가 덜 필요한 대체 물질이 나와야 한다.

둘째, 우리 삶의 방식을 에너지 절약형으로 변화시킨다. 주로 선진국이나 개발도상국의 부유층에 해당한다. 바이오연료와 전지, 수소연료전지 등의 대체 연료를 사용하더라도 자가용 사용을 줄여야 한다. 이는 국토 면적이 넓고 대중 교통시설이 갖춰지지 않은 나라에서는 현실적으로 실천하기 힘들다. 자가용 자동차 사용을 줄이기 위해 대중교통에 대규모 투자가 이루어져야 하고, 장기적으로는 도시계획에 대한 규제를 획기적으로 바꾸어서 삶의 공간을 재구성하는 것이 필요하다. 또한 집과 일터에서 에너지를 효율적으로 사용하는 노력, 예를 들어 효과적인 건물 단열 시공, 열펌프(heat pump) 도입, 절전의 생활화에 기울여야 한다.

셋째, 탄소를 흡수하는 지구환경 능력을 적극 활용한다. 바다 생물들과 산림은 광합성을 통해 이산화탄소를 흡수하여 저장할 수 있다. 숲을 대규모로 재조성하고, 친환경농업이나 유기농업 같은 지속 가능한 농업을 확대 · 실천하면 메테인 및 아산화질소 배출 저감과 이산화탄소를 흡수 · 저장하는 역할의 확대도 가능하다. 이는 생물의 활동을 촉진하여 대기 중 이산화탄소를 대량으로 제거하는 방법이다.

넷째, 육류 소비를 줄이는 식습관으로 변화시킨다. 농업은 온실가스 배출의 큰 부분을 차지하는 부문이다(추산에 따라 15퍼센트에서 35퍼센트까지 다양하다). 육류 섭취를 줄이면 상당량의 온실가스 배출을 줄일 수 있다. 온실가스의 25퍼센트가 소고기 생산으로 인한 것이라는 연구도 있다. 계절 또는 제철 음식을 선택하는 것이 도움이 되고, '로컬' 작물이라도 온실에서 재배한다거나 먼 곳에서 계절에 맞지 않는 음식을 운송해 온다면 엄청난 탄소 발자국을 남기게 된다. "원하는 음식은 언제든 구할 수 있다."라는 기대를 줄여 나간다.

그러나 이 모든 기술적 가능성과 모든 생활 방식 변화를 실현하더라도 지방 정부, 중앙 정부, 국제기구가 지역적 · 전국적인 대규모 공공사업을 벌이는 동시에 세계적으로 국가 간 협력을 도모하지 않으면 별 소용이 없을 것이다. 시장을 통한 우대나 장려책, 개인적인 선택 등으로는 충분하지 않다. 기술 개발에서도 정부가 적극적으로 개입해서 녹색기술(green technology)을 장려하는 정책을 시행해야 한다. 녹색기술을 개발하고 사용해도 그 혜택이 가시화되기까지는 몇십 년이 걸리는 경우가 많고 심지어 그보다 더 장기간이 걸릴 수 있기 때문이다.[23] 이 밖에 온실가스 배출을 규제할 수 있는 세금, 부과

23) 장하준, 2023, 장하준의 경제학 레시피 : 14장 라임, 부키, pp.277-285.

금 및 재정 유인책을 도입하고, 문제해결을 위한 연구개발 투자 확대 등 여러 가지 정책 수단이 마련되어야 한다.[24)]

〈적응〉

기후변화 적응은 새로운 기상현상에 맞춰 사회시스템을 전환하는 것을 말하고, 같은 시대에 사는 사람 간의 정의를 구현하기 위한 정책이다. 온실가스 배출량을 줄이는 저감 대책만으로는 이미 시작된 기후변화의 관성을 막을 수가 없다. 이미 배출된 온실가스가 대기권에 남아 있기 때문에 적응 대책도 함께 세워야 한다. 더 자주 더 심한 가뭄을 고려한 관개와 수자원 재활용 기술 개발, 변화된 기후에 잘 적응하는 새로운 농작물 품종과 재배법의 개발, 해수면 상승에 대비해 해안가 주민들의 안전 확보, 강력한 태풍 · 홍수 · 가뭄에 의한 재난 대비 시스템 및 기반 시설 구축 등이 적응 대책이라고 할 수 있다.

우리나라에서도 기상예보가 개선되면서 태풍으로 인한 사망자 수가 매우 감소하였다. 태풍의 예측과 대비 체계를 갖추지 못했던 1960년 이전에는 1,000여 명에 달하는 희생자가 발생했었다. 그 이후 첨단 기상장비와 슈퍼컴퓨터 도입, 기상 기술 발전에 따라 태풍 루사(2002)와 매미(2003)에 의한 희생자는 각각 246명과 132명이었고, 볼라벤(2012)의 경우에는 14명에 불과하여 인명피해가 크게 줄었다. 이는 자연 재난에 대한 국가 대응 체계가 큰 역할을 했기 때문이다.

요약하면 기후변화에 대한 문제와 그 해결책은 모두가 잘 알고 있

24) 이승은 · 고문형, 2019, 기후변화와 환경의 미래, 21세기북스, pp.16-17.

다. 해결책의 실천 과정을 시장에서 각 개인이 내리는 선택에 맡겨 둘 수는 없다. 범사회적 행동을 가능케 하는 모든 메커니즘, 즉 지방 정부, 중앙 정부, 국제적 협력, 국제 협약 등을 총동원해서 해결책들—식품에 대한 규제, 대중교통 확충, 도시계획 정책의 개선, 주택 단열 향상을 위한 정부 보조금, 에너지 효율 향상을 위한 기술 개발에 대한 공적 자금 지원, 그리고 개발도상국들로의 녹색기술 이전 등—이 실천에 옮겨질 수 있도록 만들어야 한다. 개인 행동의 변화가 단호한 대규모 공적 조치와 함께 이루어질 때 사회변화는 가장 효과적으로 발현된다.

2. 기후변화의 농업적 영향과 대응

기후변화의 농업적 영향

농업은 예측 가능한 기온과 강수량에 의존하기 때문에 기후변화에 취약하다. 현재 각 지역에서 생산되는 곡물량의 증가와 감소가 전 세계적으로 대략적인 균형을 이룬다. 그러나 찜통 지구에서는 농업 생산량이 전반적으로 감소하여 식량 위기가 올 수 있다.[25] 농업은 인류의 식량안보를 담당하는 산업으로, 농축산물 생산활동에서 온실가스를 배출하는 동시에 기후변화로 직·간접적인 영향을 받는다. 농축산물 생산 중에 농경지와 가축으로부터 메탄과 아산화질소가 배출되고, 농기계와 농자재를 사용할 때 이산화탄소가 배출된다. 온실가스로 인한 기후변화는 이상기상(가뭄, 폭염, 폭우, 태풍 등) 생성과 농업기후자원(기온, 강수량, 일사량 등) 변화를 통해 농업생태계 교란을 일으키고, 이는 작물·가축의 생육 및 품질 저하, 농업생산자원(농경지, 농업 수자원, 농업 시설물)의 피해 증가, 병해충과 잡초 발생 등에 영향을 준다.

기후변화가 농축산부문에 미치는 영향은 [그림 10]과 같이 나타낼 수 있다.[26] 구체적으로 설명하면, 1) 작물생산 변화로서, 작물의 개화와 출수 시기 등 생물학적 변화와 품질의 변화, 재배 적지 이동을 가져온다. 2) 생태계 변화로서, 병해충 발생과 개체군의 이동 및 생

25) 조천호, 2019, 기후변화의 과학과 정치 -지구시스템 경로-, 경희대학교출판원, pp.29-38.
26) 김창길, 2009, 기후변화에 따른 농업 부문 영향분석과 대응 전략, 한국농촌경제연구원 연구보고 R593, pp.33-38.

물다양성에 영향을 미친다. 3) 가축의 수정과 산란 등 생물학적 변화와 더불어 목초 생산에도 영향을 미친다. 4) 수문 부문으로 강수량, 증발, 토양수분 등 물 순환 체계에도 변화를 주어 농업기반 시설과 작물 생산에 영향을 미친다. 이와 같은 변화들은 궁극적으로 농업 생산성과 농가 수익에 영향을 줄 뿐만 아니라 농업의 지속 가능성을 위협할 것이다.

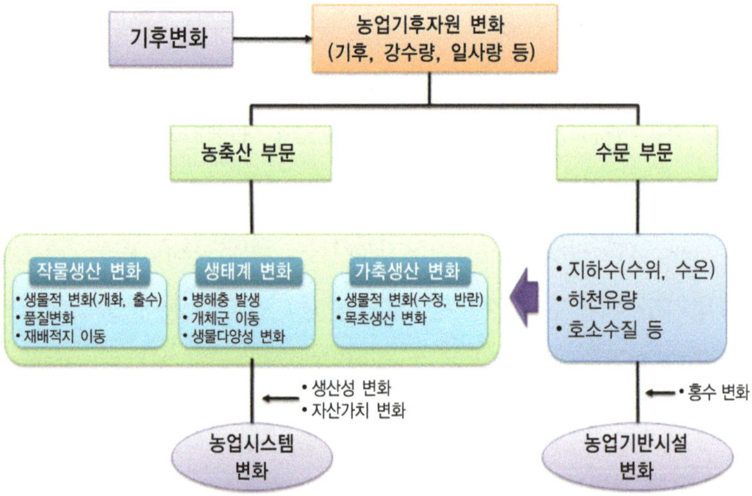

[그림 10] 기후변화가 농업 부문에 미치는 영향 체계

기후변화가 농업에 미치는 영향은 크게 긍정적인 영향과 부정적인 영향으로 구분한다[그림 11]. 지구온난화의 긍정적인 영향으로는 이산화탄소 증가에 따른 광합성 촉진과 이로 인한 작물의 생산성 증가, 새로운 고온성 및 아열대성 작물(망고, 아보카도 등)의 재배 가능 지역 확대, 작물 재배기간 증가로 인한 이모작 확대, 월동작물의 저

온 피해 감소, 그리고 시설재배 농작물의 난방비 절감 등이 있다.

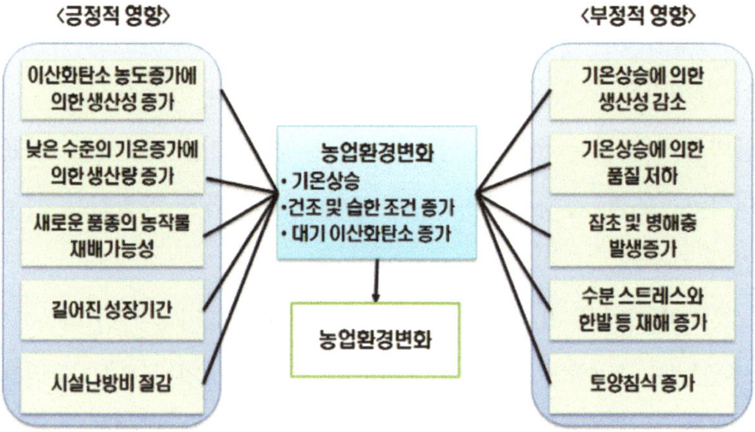

[그림 11] 온난화가 농업부문에 미치는 잠재적 영향

부정적인 영향으로는 기온 상승으로 생육기간이 단축되어 작물 수량과 품질이 저하되고, 과수 재배에서는 착색 불량, 맛(당도)과 저장성이 저하되고, 이 밖에 잡초 증가, 농작물 병해충 증가, 유기물 분해 촉진에 의한 지력 저하, 강우 증가로 인한 토양침식이 증가된다.

작물의 재배한계선과 재배적지 북상은 고위도 지역에서 작물생산이 확대되는 긍정적인 영향이 있는 반면에, 지역에 따라 식량 불균형 문제가 심화하는 부정적인 영향도 존재한다. 그동안의 많은 기후변화 관련 보고서에는, 지구온난화에 의한 긍정적 효과보다는 생산량 감소, 병해충 증가, 생물다양성 손상 등 부정적 효과가 더 큰 것으로 나타났다.

기후변화에 관한 정부 간 패널(IPCC)에 따르면, 농업은 기후변화에 가장 취약한 분야인 동시에 전체 온실가스 배출량의 13.5퍼센트를 배출한다. 이처럼 농업 분야는 기후변화와 관련하여 피해자이면서 가해자의 위치에 있다. 또한 농업이 산림과 마찬가지로 지구온난화를 일으키는 온실가스를 흡수해 토양에 고정하는 역할, 지표면의 온도 조절, 수자원 함양 등을 통해 기후변화를 완화하는 기능도 있다.

기후변화가 우리 농업에 미치는 영향을 4개로 구분하면 다음과 같이 요약할 수 있다. 첫째, 홍수와 가뭄에 의한 농경지 유실, 농업용수 부족과 같은 농업 기반이 약화된다. 둘째, 온난화로 인하여 농작물 재배 적지가 북쪽으로 이동한다. 셋째, 새로운 병해충이나 잡초 발생이 확대됨에 따라 그 피해가 늘어난다. 넷째, 고온 등 재배환경의 변화로 농산물의 수확량과 품질 저하를 가져온다.

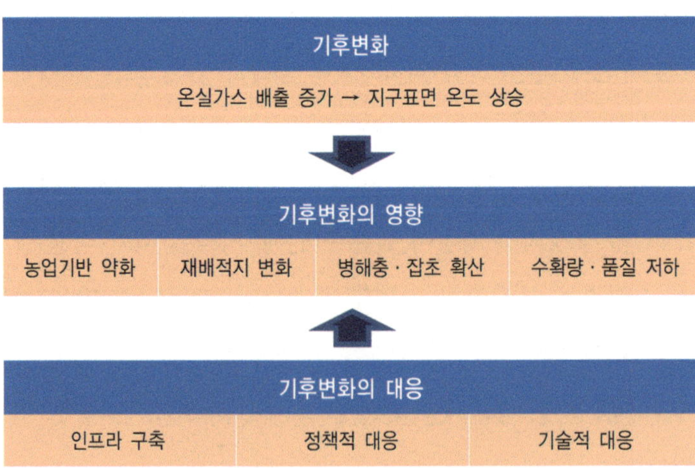

[그림 12] 기후변화의 영향과 대응 방안

이 같은 기후변화에 의한 피해를 줄이기 위한 대응 방안에는 탄소 배출을 줄이기 위한 인프라 구축, 정책적 대응, 그리고 변화하는 농업환경에 적응할 수 있는 기술적 대응이 있다. [그림 12]는 농업 분야의 기후변화 영향과 대응 방안을 나타낸 것이다.

〈농업 기반의 약화〉

흙과 물은 농업에서 가장 기본이 되는 요소이다. 흙과 물은 오랜 기간에 걸쳐 생성되고, 인류에게 무한한 혜택을 제공한다. 흙이 오염되거나 사라지면 복구하는 데 장기간이 소요되므로 잘 관리·보존해야 한다. 기상이변으로 인한 홍수나 가뭄은 작물이 자라는 표층 토양을 유실시켜 지력을 약화하고, 나아가 농업 생산성을 떨어뜨린다. 세계 농경지에서 매년 240억 톤의 흙이 비나 바람에 의해 유실되고 있다. 이는 6,000만 헥타르의 농경지 표토(겉흙)에서 2.5센티미터가 사라지는 양과 같다. 토양침식은 농산물의 안정적인 생산을 위협하고, 장기적으로 인류의 생존과 직결되어 있다고 해도 과언이 아니다.

우리나라 국토의 73퍼센트가 경사지(경사지 7도 이상)에 분포하고, 토양이 침식받기 쉬운 화강암과 화강편마암으로 되어 있으므로 여름철 집중 강우로 인하여 토양유실량이 많다. 또한 토양의 유기물 함량이 낮고, 떼알[27] 구조의 발달이 미약하여 흙이 물을 지니는 힘이

27) 떼알(입단으로 불림) : 여러 크기의 작은 토양 입자들과 유기물 등이 서로 뭉쳐진 덩어리 형태의 토양이며, 토양 공극의 모양과 양에 바람직한 변화를 주어 식물생육에 유리한 물리적인 환경을 제공함.

약하다. 따라서 비가 올 때 땅 위로 흐르는 물과 함께 흙이 많이 유실된다. 강원지방이나 산간 지역의 경사지 밭 토양은 여름철 호우기에 토양유실이 심하다[그림 13]. 매년 헥타르당 20~30톤이 떠내려가 강바닥이 올라가 하천 범람을 일으키고, 토양을 척박하게 하는 원인이기도 하다. 물에 의한 토양침식은 강우량보다 강우강도에 더 큰 영향을 받고, 비가 많이 내리는 7~8월에 일어난다.[28)]

물은 농업과 사회 발전에 핵심적인 자원이다. 그러나 관리를 소홀히 하면 가장 부족한 자원이 되기도 한다. 가뭄이 닥치면 지표면의 수자원과 지하수가 모두 부족할 수 있다. 높은 온도는 증발산량을 증가시키고 토양 수분 함량을 감소시켜 안정적인 수자원 확보에 악영향을 미친다[그림 14]. 30년 이후 세계인구가 30억 명이 늘어난다고 가정할 때, 식량 생산은 두 배로 증가해야 한다. 그러나 지구온난화가 현재와 같은 속도로 계속되면, 열대지방과 아열대 지방에서는 물 부족으로 농업 생산성이 크게 저하될 것이다.

오늘날 전 세계 농산물의 40퍼센트는 관개농업에 의존하고 있어서, 물 부족이 농업에 심각한 위협요인이 될 수 있다. 고온기가 계속되면 하천, 저수지 및 농경지토양 표면으로부터 물의 증발이 크게 늘어나 저수지 고갈과 토양수분 부족을 일으킨다. 강우의 계절적 편중이 심해지는 현상도 농업용수를 안정적으로 확보하는 데 한계요인으로 작용한다.

---

28) 농촌진흥청, 2020, 농업기술길잡이 78 : 농경지 토양 관리기술, pp.93-100.

[그림 13] 집중호우에 의한 고랭지 채소밭의 토양유실

출처 : 뉴시스, 2017.5.28.

[그림 14] 봄 가뭄에 의한 소양호 상류

〈재배 적지의 변화〉

기후는 토양과 함께 작물의 종류, 재배시기, 재배지역, 생산성, 품질 등을 결정하는 중요한 요소이다. 식물기간[29]이나 작물기간[30]은 최근 온난화와 함께 우리나라에 짐짐 빨라지고 길이지고 있다. 온난화에 따라 발아기, 개화기 등의 식물계절이 빨라짐으로 인한 저온 피해 위험성도 상존한다.

농작물은 파종기, 정식기, 생육기, 개화기, 성숙기, 수확기, 월동기의 기후조건에 따라 재배지와 작부 유형이 달라진다. 온도가 1도 상승하면 작물의 북방한계선(재배 가능지역)은 위도상으로 81킬로미터가 북상하며, 해발고도상으로는 154미터가 올라가게 된다. 따라서 우리나라 온난화와 더불어 온대성 작물들의 재배 가능지역은 북부지방, 산간지방 등으로 확대되고 있다.

29) 식물기간 : 하루평균 기온 5도 이상이 계속되는 일수, 계속 일수와 식물의 생장 사이에는 밀접한 관계가 있음.

30) 작물기간 : 여름작물의 기본온도인 하루평균 기온 10도 이상의 연속일수, 지역별 작물기간은 재배할 작물과 품종을 선택하는 기준이 됨.

한반도 온도가 상승함에 벼는 생육기간이 늘어나 조생종 재배지대는 중생종 재배지대로, 중생종 재배지대는 만생종 재배지대로 바뀔 것이고, 현재는 불가능한 대관령 고랭지에서도 조생종 벼 재배가 가능해질 것이다. 그러나 현재의 품종과 재배방식으로는 생육기간 단축, 고온 불임 등 고온 장애로 인한 수확량 감소와 품질 저하가 우려된다.

온대과수인 사과의 주산지는 1950년대 대구지역이었으나 1990년대에는 경북 안동으로 주산지가 이동했고, 2010년대에는 경기 포천, 강원 지역으로까지 이동하였다. 한반도에서 아열대 기후대로 변화하면서, 겨울철의 따뜻한 기후로 인해 사과의 꽃눈 형성이 부진하고, 생장기 고온에 의해 과실의 형상과 착색이 불량해지는 등의 문제점 때문에 재배 가능 면적도 감소할 것이다.

전남 보성의 녹차가 강원 고성에서 생산되고, 전남 영암의 무화과는 충북 충주까지, 경북 경산의 포도는 강원 영월까지, 경북 청도 복숭아는 경기 파주까지, 제주도에서만 재배되던 한라봉이 이미 남해안 지역과 전북 김제로 확대되었고, 참다래, 무화과 역시 비슷하다[그림 15]. 여름철 채소의 주산지인 고랭지에서 채소 재배면적이 점차로 감소하고, 고도가 높은 지역으로 옮겨가고 있다. 온난화가 지속되면 작물의 꽃눈 분화에 필요한 저온 요구도를 충족시키지 못해 우리나라 대부분 지역에서 온대과수 재배가 어려워질 전망이다. 기온은 작물의 재배 가능 여부를 결정하는 중요한 요인으로 성장 기간뿐만 아니라 개화·결실 시기와 재배지역까지 결정한다.

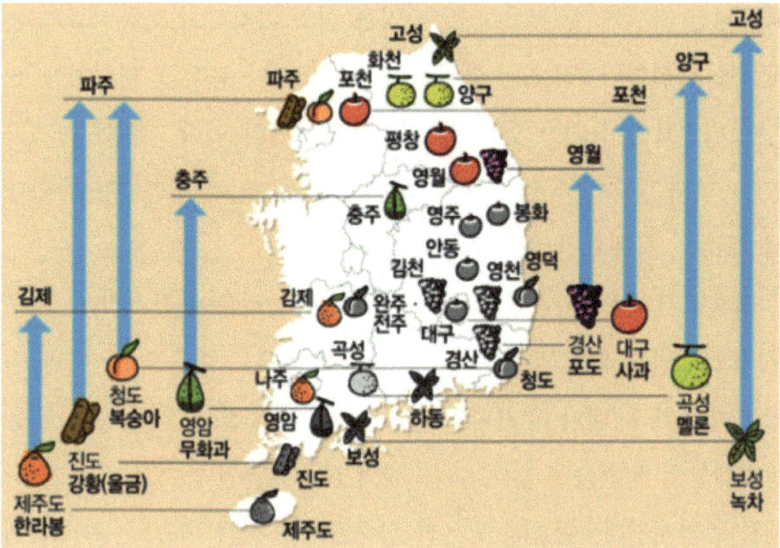

출처 : 국립원예특작과학원(2010년 기준).

[그림 15] 기후변화에 따른 주요 과수의 재배지 변화 양상

〈병해충과 잡초의 확산〉

지구온난화로 인해 기후가 변화하고 생태계가 변동되면서, 기존 서식지에서 살아남기 어려운 병해충과 식물, 잡초들이 새로운 지역으로 이동한다. 우리나라는 세계 평균보다 빠르게 온난화가 진행되고 있고, 그 결과로 여름 지속 기간은 늘어난 반면에 겨울은 단축되었다. 최근 들어 이전에는 볼 수 없었던 외래 병해충과 잡초가 국내에 유입 빠르게 확산됨에 따라 생태계의 변화, 작물의 생산량 감소 등 농업적 피해가 증가하고 있다.

기온 상승에 따라 고온 적응력이 높은 잡초가 번성할 가능성이 크다. 게다가 외국과의 교역이 늘어남에 따라 새로 유입된 외래 잡초는 따뜻해진 기후에 잘 적응하고, 영역을 점차 확장하여 토종식물과 농작물을 위협한다. 잡초는 환경적응성이 뛰어나 농작물 재배지에 심각한 위협요인이 되고 있으며, 증식속도도 빨라 인력 제거에 한계가 있다. 외래 잡초의 유입과 빠른 확산은 유기농업과 친환경농업 확대에 새로운 장해요인으로 부상하고 있다.

기후조건의 변화는 일부 병해충의 전파 능력을 촉진시킨다. 지구온난화로 병원체의 생존 가능 지역이 극 쪽으로 이동되고, 매년 더 많은 병원체 세대가 유지되고 있다. 특히 겨울철 기온 상승은 월동 병원세균의 생존율을 높여 다음 해의 1차 전염원 증가로 세균병 피해를 증가시킨다. 여름철 고온과 집중호우는 식물 병균의 증식과 전파에 좋은 조건이 되어 돌발 병해 발생이 늘고 있다. 또한 작물 재배 환경변화에 의한 새로운 병원균 출현과 토착화로 작물의 피해가 증가하고 있다[그림 16].

벼줄무늬잎마름병 확산 추이 | 갈색여치 발생지도 및 피해

[그림 16] 새로운 병해충에 의한 농업 피해

〈수확량 감소와 품질의 저하〉

대기의 이산화탄소 농도가 높을수록 광합성량이 증가하여 수확량 증가를 가져온다. 또한 이산화탄소 증가와 온도 상승이 동시에 이루어지면 고온장해 발생률이 높아져 결과적으로 수확량이 감소한다. 작물 발육은 온도에 민감하게 반응하기 때문에 최저온도 이하나 최고온도 이상인 때 발육이 제대로 진행되지 못하여 죽거나 생육이 위축되어 생산량이 감소한다[그림 17].[31] 기온이 작물별 최적 온도를 벗어나 그 이상으로 상승하면 오히려 호흡량이 왕성해지고 광합성량이 감소한다. 적정온도 이상에서 식물은 더 많은 물을 흡수하여 증산작용을 통해 온도를 떨어뜨리고, 호흡할 때 광합성 산물을 소모하므로 결국 생산량이 줄어든다. 또한 냉각 과정에서 필요한 물이 충분하게 공급되지 않으면 식물은 열상을 입어 죽는다.

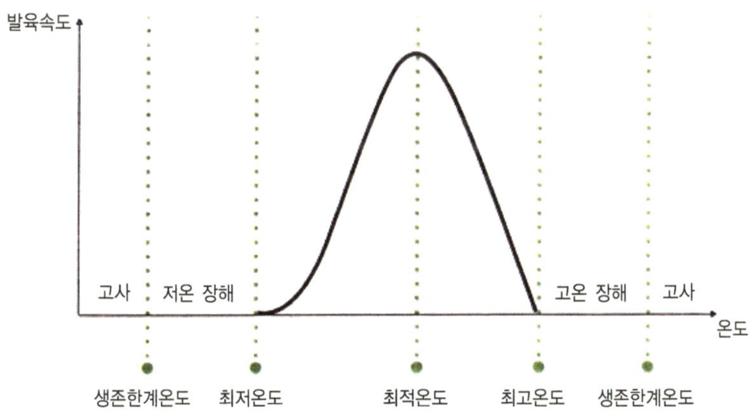

[그림 17] 작물 발육속도와 온도와의 관계

31) 농촌진흥청, 2018, 농업기술길잡이 203 : 기후변화 대응 식량작물 안정 생산기술, pp.17-18.

심한 가뭄(한발)으로 인해 토양수분이 부족해지면 작물이 시들고, 이 상태가 지속되면 정상적인 수확량을 얻지 못하는 피해를 초래한다. 농경지의 수분 함량은 강수량이라는 공급요인과 대기 온도·습도·바람 등에 따른 지표면의 증발량과 토양에 사는 식물의 증산량에 좌우된다. 한발의 가장 큰 원인은 비가 오지 않아서 생긴다. 또 다른 원인은 비가 많이 오는데도 불구하고 짧은 시간에 많은 비가 내려 땅속으로 들어가 저장되지 못하고 땅 표면에서 흘러내려 사라지는, 즉 실제로 활용되는 농업용수가 줄어들기 때문이다.

기온이 상승하면 벼 발육속도가 빨라지면서 생육기간이 단축되어 오히려 생산량이 감소한다. 이는 온난화로 인해 등숙기간의 단축뿐만 아니라 고온기 임신율 저하, 야간 고온에 의한 호흡손실 등에 기인한다. 또한 등숙기간의 기온 상승은 낱알 무게를 감소시키고, 단백질 함량을 증가시켜 쌀 품질 저하를 초래한다. 작물모형(ORYZA 2000)을 이용하여 벼 생산량을 예측한 결과, 온도가 1도 상승하면 벼 수량은 5.8퍼센트 감소하고, 이산화탄소 농도가 100피피엠(ppm) 상승하면 벼 수량은 4.9퍼센트 증가하였다. 농촌진흥청 국립농업과학원은 온난화로 인해 2011년부터 2040년 사이에 쌀 수량은 6.4퍼센트 감소하고, 2041년부터 2070년 사이에 11.8퍼센트가 감소할 것으로 전망하였다.[32)]

축산분야에서는 가축들의 면역력이 약화되고 전염병이 출현할 확률이 높아져 생산량 감소와 품질 저하를 가져온다. 한우와 육우는 고

---

32) 이덕배, 2015, 흙을 가꾸는 마음 : 기후변화가 우리 농업에 미치는 영향과 과제, 문운당, pp.64-72.

온에서 스트레스를 받고 심한 경우 발육이 정체되기도 한다. 젖소는 추위에는 강하나 더위에 약하여 우유 생산량이 감소하고 번식률이 저하된다. 씨돼지는 고온 스트레스를 받으면 발정기가 지연되고, 배란 수가 감소하여 어린 돼지 생산에도 차질을 초래한다. 특히 산란계는 소나 돼지보다 온도변화에 민감하다. 온도가 28도를 초과하면 산란 수와 사료 섭취량이 감소하고 면역력 저하로 인해 폐사 위협이 매우 증가한다.

농업의 기후변화 대응

현재와 같이 지구온난화가 계속되면 향후 농업에 심각한 피해를 초래할 것으로 예상된다. 농업 부문의 기후변화 대응책에는 온실가스의 배출 및 흡수 관리를 통해 기후변화 자체의 강도와 비율을 줄이는 저감 방안과, 온난화의 불가피성을 인정하고 기후변화에 따른 피해를 줄여나가는 적응 방안이 있다. 기후변화의 저감과 적응은 상호 연관성이 크고, 여기서 저감은 장기적인 관점에서 보면 적응 대책에 포함된다고 할 수 있다. 기후변화에 의한 농업의 피해를 줄이는 방안을 기술적 대응, 인프라 구축, 정책적 대응으로 구분하여 설명하면 다음과 같다.

〈기술적 대응〉

기술적 대응은 기후변화 요인을 사전에 예측하고, 발생 가능한 문제점들을 극복하면서 식량을 안정적으로 생산하기 위한 품종 개발과 재배관리기술 개발 등 주로 연구개발을 통해서 이루어진다. 현재 국내외적으로 지구온난화에 따른 고온 적응성 품종 개발, 새로운 병해충과 잡초, 잦아지는 태풍 · 홍수 등 각종 재해에 견딜 수 있는 내재해성(내도복성[33], 내병성) 품종 개발 연구가 활발하다. 또한 재배 적지의 조정과 재배양식 변경, 농경지의 효율적 활용을 통한 재해위험도 분산, 시비 · 파종 · 수확시기 조절, 적정한 병해충 · 잡초 방제 등 생산기술을 개발하고 그 적용을 확대하고 있다. 이 밖에 농경지 온실가스 감축 기술, 물 이용효율 최적화 기술, 토양 침투 특성을 고려한 물 절약형 관개 자재 기술 등 기반 구축 관련 기술을 개발 보급하고 있다.

〈인프라 구축〉

농업 인프라는 농업 생산활동에 직 · 간접적으로 영향을 주는 토양, 물, 시설 등의 기본요소를 말하고, 지속 가능한 농업을 위해서는 이들 기능이 제대로 작동되도록 유지 · 관리가 중요하다. 지구온난화와 이상기상에 적응하기 위한 농업 인프라는 크게 농경지 관리, 농업용수 관리, 농업시설 관리로 구분한다.

첫째, 농경지 관리에는 메탄가스 배출 감소를 위한 논의 건답직파 및 간단관개[34], 아산화질소 배출 감소를 위한 질소비료 사용량 감축, 무경운 농법의 확대, 토양침식을 억제하기 위한 주변 식생 관리 등이 있다.

---

33) 내도복성 : 농작물이 비바람에 넘어지지 아니하고 견녀내는 성질. 작물의 키와 줄기의 굵기가 가장 큰 역할을 함.

34) 간단관개(間斷灌漑) : 주기적으로 간격을 두어 논 · 밭에 물을 대는 일.

둘째, 농업용수 관리에는 시설재배 작물의 물 절약형 관개기준 설정과 재배환경 조건에 적합한 맞춤형 물관리를 들 수 있다. 또한 농업용수의 배수시스템 개선을 위한 파이프 도랑 수로 정비와 관개수로의 건설, 물 절약을 위한 스프링클러 또는 점적관수의 도입, 농업용수 관리 자동화의 확대, 산간지 빗물을 이용한 경사지 밭 용수 자급체계 구축 등이 있다.

셋째, 농산물의 안정적 생산을 위해 농업지대별로 주기적인 농업기상 정보를 웹 서비스화하고, 이를 시기별 작물생육 정보와 연계하여 작황을 예측하는 체계를 강화한다.

넷째, 농업시설 관리에는 태풍, 폭설 등에 의한 기상재해 피해 최소화를 위한 내재해형 시설 설치, 방풍 울타리 설치, 겨울철 에너지 절감을 위한 보온시설 설치, 온실과 축사의 현대화, 수분의 증발산을 억제하기 위한 플라스틱 필름 설치 등이 포함된다.

〈정책적 대응〉

농업 부문의 기후변화 적응을 위한 중요한 정책 수단인 농작물재해보험법과 풍수재해보험법이 제정·운용되고 있다. 기후변화 대응 전문인력 양성, 기후변화 적응 선도농업인 육성을 위한 교육프로그램 운용, 기후변화 대응을 위한 공감대 형성과 인식 제고를 위한 교육프로그램 개발과 관련 예산 투입이 필요하다. 그리고 기후변화 적응 실천 전략이 효과적으로 집행되기 위해서는 농림축산식품부를 중심으로 관계기관과 농업인 등 관련 주체의 적절한 역할 분담이 이루어질 수 있도록 통합관리시스템이 구축되어야 한다.[35] 그리고 중장기적으로 생물다양성 보전을 위한 정부 차원의 대책 마련이 시급하다. 산림이 전용되는 것을 막고 산림피해로 인한 이산화탄소 배출량을 줄이면서 생물다양성을 보전해야 한다. 생물종 멸종을 막기 위해서는 생물 서식기를 잘 보전하고, 생물종을 체계적으로 보호하는 것이 중요하다.

35) 김창길, 2009, 기후변화에 따른 농업부문 영향 분석과 대응 전략, 한국농촌경제연구원 연구보고 R593, pp.188-207.

참 / 고 / 문 / 헌

1. 강기경 · 이덕배 · 나영은, 2011, RDA 인터러뱅 17호 : 기후변화와 우리 농업, 농촌진흥청.
2. 강기경 등 6인, 2011, RDA 인터러뱅 33호 : 기후변화와 우리 농업(Ⅱ), 농촌진흥청.
3. 기상청, 2020, 기후변화 감시용어집 해설 : 기후변화의 원인.
4. 김명현 등, 2018, 농업생태계 기후변화 지표생물 대응 –식량작물 안정생산기술–, 농촌진흥청 국립농업과학원.
5. 김창길, 2009, 기후변화에 따른 농업부문 영향분석과 대응 전략, 한국농촌경제연구원 연구보고 R593, pp.33-38, 188-207.
6. 농촌진흥청, 2018, 농업기술길잡이 203 : 기후변화 대응 식량작물 안정생산기술, pp.17-18.
7. 농촌진흥청, 2020, 농업기술길잡이 78 : 농경지 토양 관리기술, pp.93-100.
8. 명인식 · 이영기 · 심홍식, 2010, 기후변화 대응 국내 세균병 발생 억제 대책 : 최근(2007-2010) 미기록 세균병 발생현황 및 세균병 진단 네트워크 구축, 농촌진흥청 국립농업과학원.
9. 박훈, 2021, 지속 가능한 미래를 위한 기후변화 데이터북, 사회평론아카데미, pp.27, 79-89.
10. 빌 게이츠 저, 김민주 · 이엽 옮김, 2021, 기후재앙을 피하는 법 : 1장 왜 제로인가? 김영사, pp.30-38.
11. 심교문 등 5인, 2015. RDA 인터러뱅 제160호 : 에구 허리야, 비가 오려나? 농촌진흥청, p.1.
12. 이덕배, 2015, 흙을 가꾸는 마음 : 기후변화가 우리 농업에 미치는 영향과 과제, 문운당, pp.64-72.
13. 이승은 · 고문형, 2019, 기후변화와 환경의 미래, 21세기북스, pp.16-17.
14. 장하준, 2023, 장하준의 경제학 레시피 : 14장 라임, 부키, pp.277-285.
15. 조천호, 2019, 기후변화의 과학과 정치 –지구시스템 경로–, 경희대학교

출판원, pp.29-38.

16. 조천호, 2020, 파란하늘 빨간지구, 동아시아, pp.60-88, 110-131, 201-207.
17. 최기련, 2018, 한국과학기술한림원『석학, 과학기술을 말하다』 시리즈 32 : 에너지와 기후변화, 자유아카데미, pp.186-189, 207-209.
18. 크리스티아나 피게레스 · 톰 리빗카낵 지음, 홍한결 옮김, 2020, 기후위기 시대 미래를 위한 선택, 김영사, pp.29-31.
19. 하호경 · 김백민, 2018, 그림으로 보는 극지과학 1 : 극지과학자가 들려주는 기후변화 이야기, 지식노마드, p.34.

지 · 속 · 가 · 능 · 한 · 농 · 업

연습문제와 토론사항

1. 다음 용어를 설명하시오.
   - 온실효과
   - 탄소중립
   - 복사열
   - 지구온난화지수

2. 기후(climate)와 날씨(weather)의 차이점을 설명하시오.

3. 기후변화를 일으키는 원인을 자연적 원인과 인위적 원인으로 구분하여 설명하시오.

4. 지구의 평균온도가 산업화 이전(1850~1900년)보다 빠르게 상승하고 있다. 이같이 지구 온도가 상승하는 이유(온실효과)를 설명하시오.

5. 최근 지구 평균온도가 산업화 이전 대비 1.2도 상승에 불과한데, 강한 태풍 · 폭우 · 폭염 · 한발과 같은 극단적인 기상 상태로 피해가 커지는 이유를 설명하시오.

6. 기후변화를 증폭하는 양의 되먹임(feedback) 과정을 설명하시오.

7. 기후변화에 대한 대응 방안을 저감(mitigation)과 적응(adaption)으로 구분하여 설명하시오.

8. 지구온난화가 농업에 미치는 긍정적 영향과 부정적 영향을 설명하시오.

9. 기후변화에 의한 농업의 피해를 줄이기 위한 기술적 대응방안을 설명하시오.

10. 지난 200년간 이산화탄소 등 온실가스 배출량이 급격히 증가하였다. 그 원인과 온실가스 증가 이후 어떠한 변화가 일어났는지를 토론하시오.

11. 기후변화 위기 해결을 위해서 국가와 국제기구 등 전 지구차원의 협력적인 대응 필요성과 구체적인 방안에 대해 토론하시오.

AGRICULTURE

지 속 가 능 한 농 업

블루골드, 물 이야기

PART 05

AGRICULTURE

PART 5 블루골드, 물 이야기

물은 지구상의 모든 생명체가 살아가기 위한 필수 불가결한 요소이자 문명 태동의 기반이다. 인류가 정착하여 농경이 시작된 곳도 물이 풍부한 강 근처였고, 작물을 재배하면서 물을 끌어오는 관개(灌漑)와 치수(治水)는 동서고금을 통틀어 국가의 중대한 일이었다. 즉 문명사회에서 물 관리는 생존과 함께 집권 세력의 안정을 뒷받침하는 주요 요건 중 하나였다.

물은 인류의 생존과 번영, 도시의 형성, 산업발전에 크게 이바지했다. 그러나 물 공급에는 한계가 있는 반면에, 세계인구 증가와 경제발전으로 인한 물 사용량은 꾸준히 증가하고 있다. 여기에 날로 심화하는 이상기후는 많은 지역에서 지속적 또는 일시적 물 부족 현상을 초래하고, 홍수·가뭄과 같은 재해는 모든 국가에 큰 위협이 되고 있다. 오늘날 세계는 물 부족, 아니 물 위기에 처해 있다고 해도 지나치지 않다.

세계은행은 20세기가 석유 분쟁의 시대였다면, 21세기는 물 분쟁의 시대가 될 것으로 전망했다. 물은 석유 그 이상이다. 석유는 신재생에너지 등 다른 연료원으로 대체할 수 있고, 극단적으로 석유 없이도 살 수 있다. 이에 비해 물은 다른 물질로 대체할 수 없는 자원이다. 만성적인 물 부족은 식량 생산량의 감소와 산업발전의 정체, 에너지 공급의 부족, 나아가 사회불안과 정부의 정치적 정당성까지도 약화시킨다.

농업은 목마른 산업이다. 전 세계 담수 사용량의 70퍼센트 정도가 농업에 사용될 정도로 전체 물 사용량의 상당 부분이 식량 생산에 쓰인다. 인구 증가에 따른 식량 수요 증가는 당연히 물 수요의 증가를 가져온다. 따라서 물 부족은 곧 식량 위기를 의미한다. 안정적이고 지속적인 물 확보는 인류 미래에 대한 중대한 과제이자 도전이다. 21세기는 '물의 시대'라 불릴 만큼 물의 중요성이 커지고 있다. 세계적으로 미래 물 시장 선점을 위해 물 산업 육성과 물 관련 원천기술을 확보하고자 하는 '블루골드 러시(Blue Gold Rush)'가 치열하다.

이번 장의 1절 '물 부족의 시대'에서는 물의 중요성, 물 부족 현황 및 물 부족 원인을 설명하고, 2절 '농업을 지탱하는 물'에서는 농업용수의 특징과 확보방안, 중국과 미국의 치수 사업 사례를 소개하고, 3절 'Blue Gold를 찾아서'에서는 4가지 물 확보방안, 즉 빗물, 하천처리수, 강변 여과수, 해수 담수화의 원리와 국내외 현황, 그리고 효율적인 물관리 방안에 관해 살펴본다.

1. 물 부족의 시대

물의 중요성과 물 순환

인간과 환경은 땀, 호흡, 배출, 그리고 다시 물 보충의 자연적인 생물학적 순환을 통해 서로 물을 교환한다. 우리 몸의 60~70퍼센트는 물로 이루어져 있다. 인간은 생리적으로 매일 물을 마신다. 물은 소화를 도울 뿐 아니라 양분의 흡수와 운반, 노폐물의 배출, 체온 조절 등 인체 대사 작용을 돕는다. 건강하고 활동적인 사람은 생기를 잃지 않기 위해서 하루에 2~3리터의 물을 마셔야 한다. 수분이 1퍼센트 부족하면 갈증을 느끼고, 5퍼센트 부족하면 열이 난다. 10퍼센트 부족하면 마비가 오고, 12~15퍼센트의 수분 손실상태가 일주일 정도 지속되면 사망한다.[1] 수분평형은 모든 유기체 종에게 똑같이 중요하다. 식물 역시 물이 없으면 빨리 시들고, 물이 지나치게 많으면 세포가 파괴된다. 국지적 규모이든 지역 규모이든 생태계는 특정 수역학 평형—적절한 양의 물, 적절한 속도, 적절한 공급시간—을 필요로 하며, 그 원리에 따라 움직인다. 따라서 생명을 유지시켜 주는 물의 능력은 정확한 평형 속에서 이루어지는 물의 이동에 의존한다.[2]

지구의 약 70퍼센트가 물로 덮여 있으므로 수구(水球)[3]라고 표현해도 지나치지 않다. 태양계의 행성과 위성들 가운데 오직 지구만 표

1) 스티븐 솔로몬 지음, 주경철 · 안민석 옮김, 2019, 물의 세계사, 민음사, p.28.
2) 베로니카 스트랭 지음, 하윤숙 옮김, 2015, 생명의 근원, 권력의 상징, 반니, p.47.
3) 수구(水球)는 우주에서 지구를 볼 때 지구가 물로 둘러싸인 둥글게 생긴 물체라는 의미로 표현한 것임.

면에 물이 세 가지 형태, 이를테면 고체인 얼음, 기체인 수증기, 그리고 액체인 물로 존재한다. 물은 지구상에서 유일하게 순환에 의해 자체 재생산이 가능한 핵심 자원이다.[4] 지구에 존재하는 물의 약 97.5퍼센트는 바다에 있고 짜서 마실 수 없는 염수(鹽水)이고, 인간이 사용할 수 있는 담수(淡水) 또는 민물은 약 2.5퍼센트이다. 담수의 68.7퍼센트는 만년설과 빙하에 묻혀 있고, 30.1퍼센트는 지하에 묻혀 있고, 실질적으로 사용 가능한 물인 지표수는 호수, 늪지와 강에 존재하는 약 0.3퍼센트에 불과하다. 다시 말해서 인간은 지구 전체 물의 약 0.0075퍼센트만 사용할 수 있다[그림 1].

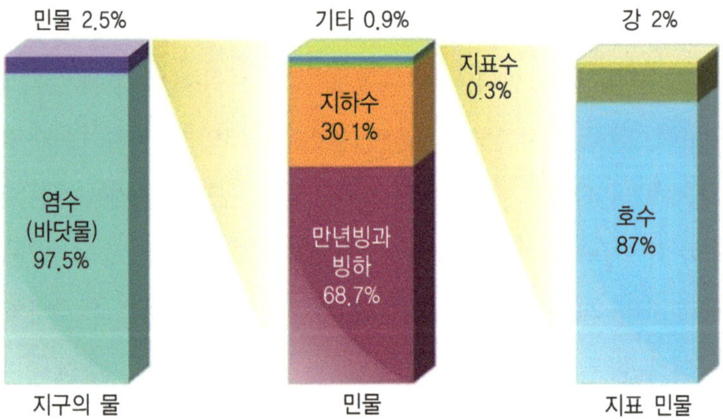

출처 : 에듀넷

[그림 1] 세계의 수자원 현황

물은 바다에서 땅으로, 그리고 다시 바다로 되돌아가는 거대한 규모의 물 순환이 이루어지고, 이를 '수문학적 순환'이라고 한다

4) 스티븐 솔로몬 지음, 주경철 · 안민석 옮김, 2019, 물의 세계사, 민음사, p.19.

[그림 2]. 이러한 순환을 일으키는 원동력은 태양에너지이다. 즉 태양에너지는 바다에서 물을 증발시키고, 수증기가 구름 형태로 먼 거리를 이동하다가 냉각되어 비나 눈으로 바다로 떨어지고, 일부가 땅 위에 내려 지표수로 흐른다. 그리고 그중 일부는 지각의 토양과 암석층을 통과해서 마침내 강이나 바다로 되돌아간다. 이처럼 물 순환은 물 분자가 지표면에서 증발 후 비가 되어 다시 지표면으로 돌아오기까지 수일이 걸릴 수도 있고, 지하수나 얼음, 깊은 바닷속에 갇히면 수만 년이 걸릴 수도 있다. 한편 식물도 토양에서 물을 흡수해 공기 중으로 수분을 발산하면서 물의 순환과정에 참여한다.

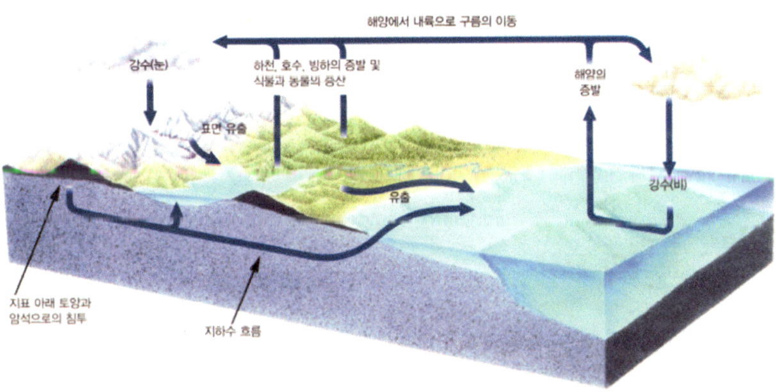

[그림 2] 물의 재순환(hydrologic cycle)[5)]

대기와 지표면(바다, 호수, 강, 빙하, 저수지, 토양 등) 사이에서는 에너지 교환이 이루어지고, 이런 에너지 교환 때문에 물 순환이 멈추지 않고 계속된다. 이런 측면에서, 물은 재생 가능한 자원이다. 그리

5) 윌리엄 F. 러디먼 지음, 이준호 · 김종규 옮김, 2015, 지구의 기후변화, 시그마프레스, p.28.

고 순환과정에서 유발된 강수(降水) 또는 지표수는 담수의 근원이고, 담수는 자연적 또는 인공적 집수지에 모였을 때 인간이 유용하게 사용할 수 있다.

또한 물은 전체 생태계에서 필요로 하는 공급원인 동시에, 지구의 온도와 습도 변화에 관여하여 급격한 기후변화를 방지하는 역할도 한다. 지구의 물은 약 13.6억 세제곱킬로미터로 대부분 바다에 액체 형태로 존재한다. 기후변화로 지구 온도가 상승하면 해양 증발량이 많아져 강수량도 증가하지만, 대기와 해양 간의 물 순환을 더욱더 빠르게 한다. 이 때문에 일정하게 내리는 비는 줄어들고 집중호우는 많아진다. 집중호우가 쏟아지면 하천 유출량이 커져, 물을 저장하고 사용할 수 있는 효율이 낮아지고, 농경지의 토양침식이 커진다. 반면 공기가 하강하는 지역인 건조지대는 더욱 건조해져 가뭄 가능성이 훨씬 커진다.

물은 문명의 모태

물은 작물을 재배할 때 필수요소이자 그 무엇과도 대체할 수 없는 자원이다. 이 때문에 물이 풍부한 곳에서 문명이 발생했다. 고대 세계 4대 문명의 공통점은 모두 강 범람이 일어나고, 큰 강 주변의 건조지역에서 밀, 보리, 수수를 경작하는 관개농업 사회였다는 점이다. 최초의 도시는 메소포타미아 지역 티그리스강과 유프라테스강 하류에 만들어진 우르크다. 이후 주변에 도시들이 만들어졌고, 약 5백 년 후에 또 다른 건조 기후대인 이집트에 도시 문명이 발생했다. 도시가 형성되려면 우선 전염병이 없어야 하고, 물이 풍부해야 한다. 전염병이 있으면 모여 살 수가 없고, 물이 없으면 사람이 살 수 없기 때문이다. 따라서 도시가 만들어지기 좋은 조건은 건조한 기후대에 물이 풍부한 곳이다. 이 두 개의 조건을 만족시켜 주는 곳이 메소포타미아와 이집트다.[6)]

고대 이집트에서 연례적으로 범람하는 나일강은 농업에 필요한 풍부한 물과 강물에 쓸려 내려온 양분이 풍부한 침적 토양을 제공했다. 범람이 적절하게 이루어진 시기에는 잉여 식량이 늘었고, 인구가 늘었고, 왕조가 흥행했다. 반대로 강물이 줄어들면 식량부족으로 갈등과 분열이 잦았고, 나아가 왕조의 몰락으로 이어졌다. 이집트는 둑, 수문, 수로, 제방의 설치 등 단순한 관개시설로 물을 관리하여 고대 지중해에서 가장 부유한 곡창지대를 보유했고, 과학과 예술도 발전했다. 농업에 도움이 되는 달력, 홍수 뒤에 땅을 측량하는 도구와 기술을 개발 활용했다. 결국 이집트의 장구한 역사 내내 왕조의 흥망성쇠는 나일강 범람의 순환과 일치했다.[7)]

동서고금을 통틀어 치수(治水)는 국가의 중요 임무 중 하나였으며, 통치자의 역량이나 신의 사랑을 확인하는 척도로 여겨왔다. 문명사회에서 물 관리는 생존과 함께 집권 세력의 안정을 뒷받침하는 중요한 요건 중 하나였다. 고대 이집트와 바빌로니아에서는 왕의 선정(善政)이 관개사업을 시작하는 것으로 표현됐다. 중국과 우리나라는 가뭄과 홍수가 통치자의 덕(德)이 없는 것으로 여겼다. 한 예로써 농사가 잘되도록 날씨를 살피는 것을 군왕의 주요 임무로 여겨 매년 기우

6) 유현준 지음, 2021, 공간의 미래, 을유문화사, pp.157-159.
7) 스티븐 솔로몬 지음, 주경철 · 안민석 옮김, 2019, 물의 세계사, 민음사, pp.37-46.

제(祈雨祭), 기청제(祈晴祭[8]))를 주관하였다. 메소포타미아 문명과 약 2000년 동안 번성했던 중앙아메리카의 고대 문명국 마야제국도 가뭄에 의한 물 부족과 토양침식 때문에 멸망한 것으로 추정된다.

세계의 다양한 문화권의 창조 신화에도 물이 등장한다. 고대 그리스 철학자 탈레스(Thales, BC 640~546)는 물이 만물의 근원이고, 만물이 물로 되어 있으며, 땅도 물 위에 떠 있다고 주장하였다. 엠페도클레스(BC 490~435)는 공기, 물, 흙, 불 등 4개의 원소로 이루어졌고, 이것들이 분리되고 결합하는 것으로 만물이 생성 · 소멸된다고 주장하였다.

노자(老子) 도덕경(道德經)

상선약수(上善若水)는 가장 좋은 것은(上善) 물처럼 사는 것(若水)이라는 뜻이다. 노자는 물은 만물을 잘 이롭게 하면서도 다투지 않는다(水善利萬物而不爭) 하면서, "살 때는 낮은 땅에 처하기를 잘하고(居善地), 마음 쓸 때는 그윽한 마음가짐을 잘하고(心善淵), 벗을 사귈 때는 어질기를 잘하고(與善仁), 말을 할 때는 믿음직하기를 잘하고(言善信), 다스릴 때는 질서있게 하기를 잘하고(正善治), 일할 때는 능력 있기를 잘하고(事善能), 움직일 때는 바른 때를 타기를 잘한다(動善時)."와 같은 원칙을 제시하였다.[9]

동양의 정신세계에서 물은 삶과 우주의 상징이며, 세상의 근원으로서 자연의 이치와 우주 원리들을 개념화하는 수단이었다. 중국 철

8) 기청제는 장마가 그치고 날씨가 맑아지기를 기원하는 제사로, 중농 국가에서는 기우제와 함께 중요한 국가의 제사임.

9) 김용옥, 2013, 노자와 21세기(2), 통나무, pp.34-35.

학자들은 기원전 350년경부터 물(水), 흙(土), 불(火), 나무(木), 금속(金)의 다섯 가지 요소가 음양의 원리에 따라 움직임으로써 우주 만물이 생성하고 소멸한다고 믿었다. 동양 문명은 만물을 낳고 살리면서 자기를 내세우지 않는 물을 숭상하였다. 공자는 물을 보며 군자의 덕(德), 의(義), 도(道), 선(善), 지(志)를 설명했다.

사라지는 물

식품이 식탁에 올라오기까지 많은 물을 소모한다. 전 세계 담수 사용량의 약 70퍼센트가 식량 생산에 소비되므로, 식량 수요의 증가는 세계 각국의 물 부족을 심화시키는 큰 요인이다. 그동안 인공 관개 기술이 발전하여 늘어나는 식량 수요를 맞출 수 있었고, 실제로 전 세계 식량의 40퍼센트가 관개농업에 의존하고 있다. 농업에서 물 소비량은 토양의 증발(蒸發)과 식물의 증산(蒸散[10]), 기후조건에 따라 차이가 있다. 예를 들어, 사탕수수나 옥수수 1킬로그램을 생산하는데 약 1,000킬로그램의 물이 필요하다. 밀, 쌀, 면화 생산에는 각각 약 1,500킬로그램, 4,000킬로그램, 10,000킬로그램의 물이 소모된다. 이에 비해 산업 제품 1킬로그램 생산에 필요한 물 소비량은, 벽돌을 제조할 때 1~2킬로그램에서 종이 250킬로그램, 질소비료 600킬로그램까지로 다양하다. 다시 말해 농업에서 사용하는 물의 양은 일반산업에 비해 매우 크다.[11]

10) 증산은 잎의 기공을 통한 식물체에서의 수분 증발을 말하고, 식물체 내의 물질 흐름을 유발하고, 뿌리로부터 물을 흡수할 수 있게 도와주고, 증산이 일어날 때 열을 빼앗으므로 식물체의 체온 상승을 방지함.

우리나라는 연평균 강수량(1981~2010년 30년간 1,307밀리미터)이 세계 평균(715밀리미터)보다 많지만, 강수량이 여름철에 집중되고, 인구밀도가 높아 주기적으로 물 압박을 받고 있으므로 물 부족국가에 해당한다. 그런데도 물 부족을 심각하게 체감하지 못하는 이유 중 하나는 많은 농축산물을 수입하기 때문이다. 물을 둘러싼 국제적 분쟁이나 농산물 교역, 물 사용 불균형 문제를 설명할 때, '가상수(Virtual Water)'[12] 개념을 사용한다. 이를 적용할 때, 소고기 1킬로그램 생산에 1만 5,000킬로그램의 물이 사용되어, 곡물에 비해 훨씬 더 많은 물을 소비한다. 수입된 농축산물량에 가상수를 곱하면 외국에서 수입된 물의 양을 산출할 수 있다. 다시 말해 다른 나라에서 물이 부족해도 우리나라에 물 위기가 닥칠 수 있다는 뜻이고, 이때 물 부족은 '목마름이 아니라 배고픔'으로 다가올 수 있다는 의미이다.

실제로 이용할 수 있는 담수는 놀라울 정도로 불균등하게 분포되어 있다. 지구 전체로 볼 때, 모든 유수(流水)의 3분의 1은 브라질, 러시아, 캐나다, 미국에 있지만, 이곳 인구를 전부 합치면 세계인구의 10분의 1에 불과하다. 반대로 세계인구의 3분의 1이 모여 있는 반건조 지역에는 재생 가능한 물의 8퍼센트만이 존재한다.[13] 또한 지구에서 재생 가능한 물은 〈표 1〉에서와 같이 대륙별로 불균등하게 분포하고, 계절에 영향을 받아 사용하기 불가능한 형태로 순환한다. 아시아의 경우, 총 재생 가능한 물의 35퍼센트로 가장 많은 몫을 차

11) 사이언티픽 아메리칸 편집부 엮음, 강윤재 옮김, 2012, 과학과 물관리, 한림출판사, p.68.
12) 가상수란 우리 눈에는 보이지 않지만, 농산물이나 제품 등을 생산하는 모든 과정에서 사용되는 물로서, 세계적인 물 권위자인 토니 앨런(Tony Allan) 교수가 제안한 개념이다.
13) 스티븐 솔로몬 지음, 주경철 · 안민석 옮김, 2019, 물의 세계사, 민음사, p.24.

지하지만, 심한 물 부족의 압박을 받고 있다. 이는 전 세계인구의 59퍼센트의 수요를 감당하고, 가장 건조하고 광대한 지역을 포함하고, 몬순기에 집중호우를 쏟아내 실제로 사용하기 힘든 형태이기 때문이다. 남미는 재생 가능한 물의 26퍼센트를 차지하면서 인구가 6퍼센트에 불과하여 물이 가장 풍부한 대륙이다. 그리고 유럽은 전 세계 수량의 8퍼센트로 세계인구의 13퍼센트를 부양해야 하는 여건에도 불구하고, 대부분의 강수가 연중 고르게 분포하고, 천천히 증발하고, 쉽게 접근할 수 있고, 항해가 가능한 소규모 강들을 따라 흐르기 때문에 물 부족 압박을 적게 받고 있다.[14)]

〈표 1〉 대륙별 인구 및 가용 수자원 분포

대륙	인구 분포(%)	가용 수자원 분푸(%)
아시아	59	35
유럽	13	8
아프리카	13	11
북중미	8	15
남미	6	26
오세아니아	1 이하	5
계	100	100

출처 : 홍일표 외, 2012, p.169.[15)]

물 부족 문제를 일으킨 대표적인 사례는 물이 풍부했던 아랄해가 사막처럼 변해버린 환경 재앙을 꼽을 수 있다. 중앙아시아의 카자흐

14) Ibid., pp.471-472.

15) 김정인 · 임효숙, 2014, 물 정책의 패러다임 변화, 물과 창조경제(저널 물 정책 · 경제 특별호), 피어나, pp.71-105에서 재인용.

스탄과 우즈베키스탄 사이에 있는 아랄해는 담수호는 아니지만, 한 때 세계에서 네 번째로 큰 호수로서, 물고기 등이 풍부하여 인근 주민들은 어업으로 생계를 유지했다. 그런데 옛 소련 정부가 주변에 대규모 개간 사업과 관개사업을 추진한 결과, 아랄해로 흐르던 강물이 크게 감소하였고, 수십 년이 지난 후에는 호수 면적이 급속도로 작아지고, 일대는 염분이 많은 사막으로 변하였다. 호수의 많은 어류마저 멸종하여 연안어업이 불가능해지자 주민들이 떠나고, 주변 지역은 겨울의 추위와 여름의 더위가 더욱 심해지는 등 기후변화가 나타났다. 그리고 개간 사업은 더 많은 밀을 생산하기 위한 목적도 있었지만, 수출 작물이었던 목화밭에 물을 대기 위해서였다. 저렴하고 질 좋은 옷을 원하는 인간의 욕망이 이들 의류 생산에 필요한 가상수를 폭증시켜, 결국 먼 나라의 호수를 메마르게 하고 끔찍한 환경 재앙마저 일으킨 것이다[그림 3].[16]

유네스코와 세계기상기구(WMO)는 세계적으로 25개 국가가 물 부족 사태를 겪고 있으며, 2025년에는 34개국으로 늘어날 것으로 전망했다. 물 부족으로 고통받는 인구 역시 1990년 1억 3,200만에서 2025년 6억 5,300만~9억 400만, 2050년에는 10억 6,000만~24억 3,000만 명으로 증가할 것으로 예측했다. 유엔환경개발(UNCED)은 1992년 리우데자네이루에서 열렸던 유엔환경개발회의에서 전 세계 차원에서 물의 소중함과 물 부족에 대한 경각심을 일깨우기 위하여 '세계 물의 날'을 제정했다. 유엔 총회에서 1993년 3월 22일을 첫 번

16) 최성우, 2022, 과학기술칼럼 : 가상수와 물 발자국, science.net 한국과학기술인연합.

째 '세계 물의 날'로 선언했다.

세계에서 4번째로 큰 염호로서, 1960년에는 면적 68,000km^2, 깊이 20~25m였으나, 1987년에 면적이 40%나 줄어든 41,000km^2, 깊이는 12m 이상 내려갔음.
출처 : 나무위키

[그림 3] 아랄해의 사막화

발등에 떨어진 물 부족

세계인구 증가와 경제발전으로 인한 물 사용량이 증가하고 있다. 여기에 갈수록 심화하고 있는 기후변화는 많은 지역에서 지속적 또는 일시적 물 부족 현상을 초래하고 있다. 2000년대 초 세계은행 부총재인 이스마일 세라겔딘 박사는 20세기가 석유 분쟁의 시대였다면, 21세기는 물 분쟁의 시대가 될 것으로 전망한 바 있다. 물이 경쟁의 대상이 될 수 있는 중요한 자원이며, 물을 관리하는 방식을 바꾸어야 한다고 강조했다. 물은 석유 그 이상이다. 석유는 신재생에너지 등 다른 연료원으로 대체할 수 있고 극단적으로 석유 없이도 살 수 있다. 이에 비해 물은 그 사용처가 광범위하고 다른 물질로 대체할 수 없는 동시에 필수 불가결한 자원이다. 만성적인 물 부족은 식량 생산량의 감소와 산업발전의 정체, 에너지 공급의 부족, 나아가 사회 불안과 정부의 정치적 정당성까지도 약화시킨다.

지난 두 세기 동안 물 사용량은 인구보다 두 배나 빨리 증가해 왔다. 설상가상으로 산업 오염물질과 생활하수 배출량 증가, 비료 사용의 증가, 지하수 감소에 따른 해수의 대수층 유입 등으로 수자원이 위협받고 있다. 전 인류의 거의 5분의 1에 해당하는 11억 명이 넘는 사람들이 안전하게 먹을 수 있는 1일 최소 식수를 구하지 못할 정도로 심각한 상황에 있다. 아시아, 라틴아메리카의 개발도상국에서 사는 인구의 절반이 부적절한 물과 위생 때문에 생긴 질병으로 고통받고 있다. 이와는 반대로 산업화한 선진국 시민들은 개발도상국의 시민들보다 열 배에서 서른 배나 많은 물을 사용한다. 스톡홀름 국제물연구소 전문가들은 생명을 유지하기 위해 식수, 위생, 식품 생산 등에 한 사람당 매년 최소 1,000톤의 물이 필요하다고 추산했다.[17)]

물 부족 국가에 대한 논란은 분석 기관에 따라 차이가 있다. 2006년 세계물포럼에서 발표한 '물 빈곤지수(Water Poverty Index)'에 따르면, 우리나라는 전 세계 147개국 가운데 43위로 물 자원에 대한 위험도가 낮은 것으로 나타났다. 이에 반해 미국의 사설연구소인 국제인구행동연구소(Population Action International)에서 제시한 방법, 즉 연간 평균 강우량, 국토 면적, 유출률, 인구수를 고려하여 1인당 연간 가용 수자원량을 산출했을 때, 우리나라는 약 1,400톤으로 나타나 물 부족국가에 해당한다〈표 2〉. 이는 우리나라의 강우 특성과 높은 인구밀도에 기인한 것이다. 한편 이스라엘은 물 기근국가에 해당하지만 농산물 수출국인 반면에, 아프리카에 있는 물 풍요국가에서

17) 사이언티픽 아메리칸 편집부 엮음, 강윤재 옮김, 2012, 과학과 물 관리, 한림출판사, p.233.

도 많은 사람이 물 부족으로 고통받는 경우가 있다. 물관리가 얼마나 중요한가를 보여주는 대표적인 사례다. 이를테면 물 부족으로 고통받고 있다는 것은, 물의 양이 부족한 것이 아니라 물관리가 부족하다고 할 수 있다.

〈표 2〉 물 사용 가능량에 따른 국가 구분(국제인구행동연구소, 2023년)

분류	1인당 연간 물 사용 가능량	나타나는 현상	국가
물 기근국가	1,000톤 이하	경제발전, 국민복지 및 보건이 방해될 정도의 만성적인 물 부족 경험	지부티, 쿠웨이트, 몰타, 카타르, 바레인, 바베이도스, 싱가포르, 사우디아라비아, 아랍에미리트연합국, 요르단, 예멘, 이스라엘, 튀니지, 카보베르데, 케냐, 부룬디, 알제리, 르완다, 말라위, 소말리아
물 부족국가	1,000~1,700톤	주기적인 물 압박 경험	리비아, 모로코, 벨기에, 아이티, 이집트, 오만, 키프로스, 남아프리카공화국, 대한민국, 폴란드
물 풍요국가	1,700톤 이상	지역적 또는 특수한 물 문제만 경험	미국, 중국, 영국, 프랑스, 러시아, 독일, 캐나다, 오스트레일리아, 일본 등 119개국

출처 : 나무위키

우리나라는 몬순아시아 기후대에 속해서 6월부터 8월 사이에 연간 강수량의 60퍼센트 이상 내리는 특성이 있다. 강수량이 많다는 이유로 아직 물 부족을 충분히 인식하지 못하고 있다. 최근 기후변화에 의한 이상기상 현상으로 해마다 여름철이면 홍수가 발생하고, 봄·가을·겨울철에는 가뭄이 빈발하여 물 부족을 경험하고 있다. 게다가 국토의 70퍼센트가 평지가 아닌 산이므로, 내리는 빗물은 유속이 빨라 대수층을 다시 채우거나 저수지의 수위를 높이지 못하고 바다로 흘러간다. 또한 전체 인구의 대부분이 몇몇 대도시에 몰려 있고, 이들 대도시는 아스팔트와 콘크리트의 건축물과 도로 등으로 덮여 있어 내리는 빗물 대부분은 땅속으로 스며들지 못하고, 곧바로 하수로 흘러 들어 곧 강이나 바다로 유출된다.

물 부족의 원인[18)]

물 부족 위기가 여러 지역에서 감지되고 있다. 지구 인구의 20퍼센트에 달하는 약 15억 명이 물 부족 위기의 희생자가 될 것이며, 이들 중 6억 명은 이미 물 부족을 경험했다. 장기적으로 그 영향을 받지 않는 사람은 거의 없을 것이다. 물 부족 위기의 주요 원인에는 인구 증가, 풍족한 생활, 기후변화, 수질오염, 노후화된 사회기반시설, 낮은 물 가격 등이 있다. 물 공급에는 한계가 있는 반면에, 물의 수요는 빠르게 늘어나는 추세이므로 물의 효율적인 관리와 사용이 필요하다.

〈인구 증가〉

세계인구는 계속 늘어나고 있다. 많은 국가에서 출산율이 빠르게 감소하고 있으나 기대 수명은 늘어나는 추세이다. 세계인구는 70억 명을 넘었으며, 95억 명에 이르게 될 2050년까지 성장세가 멈추지 않을 전망이다. 이렇게 늘어나는 25억 명이 기본적인 생활에 필요한 물

18) 세스 M. 시겔 지음, 문직섭 옮김, 2019, 블루골드 시대 -물을 정복하라-, 다할미디어, pp.16-25.

을 추가로 찾아내는 것은 큰 도전이자 과제이다.

〈풍족한 생활〉

세계는 인구 증가에 그치지 않고 더 부유해지고 있다. 풍족해진 중산층은 매일 샤워를 하고, 뜰에 화초와 잔디를 가꾸고, 단백질 중심의 식단 구성으로 물 소비가 늘어난다. 예를 들어 소고기 1파운드(약 0.45킬로그램)를 얻으려면 옥수수 1파운드를 수확하는 것보다 17배 더 많은 물을 사용해야 한다.

〈기후변화〉

기후변화는 강과 호수의 표면온도를 상승시키며, 이에 따라 빠른 증발현상이 일어난다. 올해 온도가 높아지면 작물 재배 과정에서 작년보다 더 많은 물이 필요하다는 것이다. 비가 내리지 않는 기간이 길어지면 토양 표층이 단단해지므로 비가 오더라도 빗물의 상당량은 하수관이나 강으로 흘러가거나 토양 표면에 머물러 있다가 증발한다. 즉 빗물이 땅속으로 스며들지 못하므로 빗물을 잃게 되는 셈이다.

〈오염된 물〉

수질오염은 사용 가능한 물의 양을 감소시킨다. 인구가 늘어나면서 농식품 수요가 증가하고, 그에 따라 많은 작물과 가축을 키워야 한다. 더 많은 곡물이나 사료 생산을 위해 많은 양의 비료와 농약이 뿌려지고, 이들 중 일부는 농업용수나 빗물을 통해 대수층의 지하와 호수, 강으로 흘러 들어간다. 일단 오염된 대수층 지하수와 호수의 물을 원상 복구하려면, 비용이 많이 들거나 복구 자체가 불가능한 때도 있다. 상수원이 오염되면 마시지도 못하고, 그 용도도 제한된다.

〈누수 현상〉

많은 양의 용수가 세계 곳곳의 도시에서 누수와 열려 있는 소화전, 절도, 부주의 등으로 매일 사라지고 있다. 런던에서는 도시 용수의 약 30퍼센트, 시카고에서는 약 25퍼센트가 이런 이유로 없어진다. 중동 지역과 아시아의 몇몇 주요 도시는 노후화된 수도관 등 불완전한 사회기반시설 탓에 매년 관리하는 용수의 50~60퍼센트까지 손실된다. 이런 손실은 눈에 보이지는 않지만 매우 크다. 물 부족에 시달리는 멕시코시티는 매일 총공급량의 5분의 2에 해당하는 물을 잃고 있다.

〈상대적으로 낮은 물 가격〉

물 낭비는 만성적으로 관개용수 가격을 싸게 매기는 데서 비롯된다. 멕시코, 인도네시아, 파키스탄 농민들은 그들이 사용하는 물가격의 10퍼센트도 내지 않는다. 대부분의 모슬렘 국가들은 이슬람 전통에 따라 물값을 조금만 받거나 아예 받지 않는다. 미국 서부 건조지대 농민들은 댐 용수 보조금을 지원받는다. 이 보조금 덕분에 농민들은 사막 한가운데서 많은 물을 사용하여 알파파 같은 사료 작물을 재배하는 반면에, 산업계와 지자체들은 충분한 물을 확보하기 위해 높은 비용을 지급한다.

2. 농업을 지탱하는 물

국가의 생명수, 농업용수

농업에서 물은 몸속의 피와 같아서, 물이 없으면 식량도 없다. 다시 말해 농업용수는 농작물 생산에 필수 투입 요소이므로 농민소득에 직접적인 영향을 준다. 농업용수는 인위적으로 취수하는 생활용수 및 공업용수와 다르게, 물 이용량의 상당 부분을 자연 강우와 순

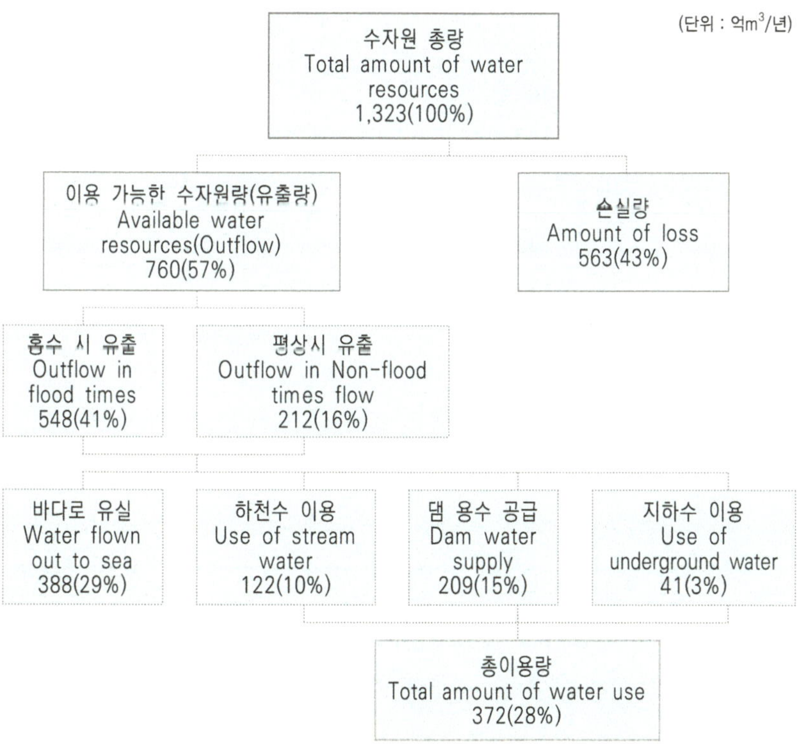

출처 : 국토교통부(2016)

[그림 4] 우리나라 수자원 이용 현황

환과정 중의 물에 의존하므로 안정적인 확보가 쉽지 않다. 우리나라 수자원 총량은 연간 1,323억 톤으로 추정되고, 이 중 이용 가능한 수자원 총량은 760억 톤이다[그림 4]. 하천수, 댐 용수, 지하수로 이용되는 총이용량은 372억 톤으로 전체의 약 28퍼센트에 달한다. 이를테면 자연 증발하는 손실량 43퍼센트와 바다로 유실되는 양 29퍼센트가 곧바로 없어지는 셈이다. 총이용량 중 하천수를 제외하고 실생활에서 사용되는 물은 251억 톤이며, 이 중 약 61퍼센트인 152억 톤이 농업용수로 이용된다〈표 3〉.

〈표 3〉 **용도별 수자원 이용량**

구분		이용량(억m^3/년)	비율(%)
생활 · 공업 · 농업용수		251	100
	생활용수	76	30
	공업용수	23	9
	농업용수	152	61
하천유지용수		121	
소계		372	

출처 : 국토교통부(2016).

우리나라 농업은 그동안 강우량이 많은 시기와 농업용수 수요량이 많은 시기가 겹쳐서 농업용수 수요가 다른 용수의 수요와 크게 경합 관계에 있지 않았다. 하지만 최근 강우 패턴과 작물 재배 형태의 변화가 이러한 상황을 변화시키고 있다. 농업용수는 소비 주체가 주로 작물이므로 생활용수나 공업용수와는 다른 특징을 가진다. 첫째, 농업용수는 농업생산에 직접적인 영향을 미치는 생산요소로 토양(논 · 밭), 기후, 계절, 작물의 종류, 농법 등에 영향을 받는다. 둘째, 농업용수는 자연 강우를 별도의 처리 없이 사용하기 때문에 강우량에 따라 수요량이 달라지는, 즉 계절성을 가진다. 셋째, 농업용수는 관수로(管水路)가 아닌 개수로(開水路)를 통해 공급되므로 공급과정에서 일정량의 손실이 발생한다. 물 사용량을 정확히 측정하기도 어렵다. 넷째, 공급된 농업용수 중 일부는 배수로나 하천으로 흘러가므로 재이용도 가능하다.[19)]

농업용수를 얻는 원천으로는 하천, 저수지, 지하수, 담수호 등이 활용되고 있다[그림 5].[20)] 하천은 보(洑), 양수장 등의 시설을 통해 쉽게 이용할 수 있으나 가뭄에 취약하며, 저수지는 수질이 낮고 높은 시설비가 소요된다. 지하수는 하천, 저수지 등의 보조역할을 하며, 비교적 간단한 시설을 이용하여 가뭄에도 안정적으로 물을 얻을 수 있는 장점이 있다. 그리고 담수호[21)]와 하구호는 수질이 악화할 우려가 있으나 물의 양이 풍부하여 가뭄을 잘 타지 않는 장점이 있다. 우리나라 수리답[22)] 면적은 전체 논 면적의 82퍼센트 수준이며, 이 면적의 61퍼센트를 저수지를 통해 공급하고 있다. 따라서 저수지는 우리나라 농업용수 수리시설의 핵심이다.

---

19) 조원주 외 4인, 2020, 참여형 농업용수 관리체계 구축 방향과 과제, 한국농촌경제연구원 연구 보고 R915. pp.18-19.

20) 이상봉 외 4인, 2012, RDA 인테러뱅 68호 : 블루골드, 물 이야기, 농촌진흥청.

21) 담수호 : 호수에 함유된 총염분량이 1리터 중에 500밀리그램 이하이고, 그 이상의 호수인 염호와 구분됨. 대부분이 습윤지에 위치하고 물의 유입과 유출이 있고 다양한 생물의 종이 존재함.

22) 수리답(또는 수리안전답) : 흙의 보수력(保水力)이 좋고 수리시설이 잘 되어 가뭄에도 안전하게 농사를 지을 수 있는 논.

임실군 구담마을 하천

완주군 대아 저수지

농업용 지하수 관정

당진시 대호 담수호

[그림 5] 농업용수의 원천

농업의 동맥, 관개수로

관개(irrigation)는 초기에 농경지에 물을 공급해 농작물을 안정적으로 재배하는 것에서 시작되었다. 2, 3차 산업의 동맥이 도로와 철도라면, 농업의 동맥은 관개수로이다. 농업이 시작된 이후 모든 국가는 관개시설을 만들었다. 기원전 3000년경의 메소포타미아 문명에서는 티그리스강과 유프라테스강에서 물을 끌어들여 농사를 짓는 관개농업을 행하였다. 로마제국은 크고 작은 도시에 수로(水路)를 만들어 식수용, 농업용, 산업용 물을 공급하였다.

로마는 정치, 경제, 해양 교역의 중심지였고, 절정기에 백만 명의 인구를 자랑하던 최대 도시였다. 기원전 200년경에 로마가 강대 세력으로 성장하는 데 이바지한 요인은, 첫째로 가벼우면서도 강하고 방수가 되는 콘크리트 기술이고, 둘째로 수로의 물에 적절한 수압을 유지하며 일정한 방향으로 흘러가도록 하는 측량 기술이다. 콘크리트 건축물의 대표적인 사례는 물을 채취해 운반하고 관리하는 거대한 수로망이다.

로마는 기원전 312년에 최초의 수도교(水道橋)를 세웠다. 이후 두 세기에 걸쳐 로마제국 전역에 수도교와 지하수로뿐만 아니라 하수체계, 도로, 항구 등의 대규모 건설사업을 추진하였다. 서기 226년까지 5세기 동안 모두 11개의 수로를 건설했고, 이 수로를 통해 먼 곳의 깨끗한 물을 로마 시내로 풍부하게 공급하고 전염병을 막았다. 대부분의 수로는 지하에 있고, 약 15퍼센트가 지상에 있다. 높이가 다른 지형 간에도 물이 흐르도록 아치형 구조물을 건설했다. 로마제국이 번영하고 인구가 증가했던 시기는 수로 건설과 물 공급이 증가한 시기와 일치한다. 프랑스 남부의 퐁뒤가르(Pont du Gard) 수로는 48미터 높이의 3층 아치 구조로 아직도 부분적으로 그 기능을 하고 있으며, 스페인 세고비아(Segovia)의 좁은 아치 모양의 수로 다리 등도 유명한 유물이다[그림 6].[23)]

강수량이 적고 증발량이 많아 지상에 수로를 만들기 어려운 지역에서는 다양한 이름의 지하수 관개수로를 건설했다. 이란에서는 '카나트(Qanat, 지하의 인공운하)'라고 하며, 아프가니스탄에서는 '카레

23) 스티븐 솔로몬 지음, 주경철 · 안민석 옮김, 2019, 물의 세계사, 민음사, pp.107-116.

스(Karez)', 사하라 지역에서는 '포가라(Foggara)', 중국에서는 '칸얼칭 또는 카레즈'로 불렸다. 이란과 아프가니스탄에서는 아직도 수천 개의 지하수로를 사용 중이고, 그 물을 사용하여 대추야자(Date palm), 오렌지, 올리브, 채소 등을 재배하고 있다. 높은 산지에 쌓인 눈이 녹은 풍부한 물이 지하수로를 통해 먼 평야 지대까지 공급되었다. 집수된 물을 필요한 곳까지 끌어오기 위하여 긴 지하터널을 건설하였다. 중국 신장지역에는 5,272킬로미터 달하는 수로가 남아 있다 [그림 7].

[그림 6] 고대 로마 수도교 : 프랑스 퐁뒤가르(좌) 스페인 세고비아(우)

[그림 7] 지하수 관개수로 : 이란 카나트(좌), 중국 카레즈(우)

치수 사업 사례 : ① 중국 두장옌

정치의 한자 '치(治)'는 물을 다스린다는 말 치수(治水)에서 올 정도로, 고대 이래로 강의 통제와 통치력은 긴밀히 연결되어 있다. '치수 기술자' 우왕(禹王)은 아버지에 이어 황허강 유역 주민들을 괴롭혔던 홍수를 잘 다스린 공로로, 중국 최초의 왕조로 기록된 하(夏) 왕조(기원전 2207~1766년)의 통치자가 되었다. 우왕의 아버지는 강에 제방을 건설해서 물을 통제하려고 했지만 실패했다. 우왕은 아버지와 달리 수로들을 준설하고, 배수구와 운하를 만들고, 심지어 산을 뚫어 홍수가 바다로 흘러가도록 했다. 오랜 기간에 걸쳐 노동자들과 함께 혼신을 바쳐 황허강의 범람을 통제하는 데 성공했다.

중국을 최초로 통일한 진시황제(기원전 259~210년)는 분서갱유와 같은 탄압과 역사상 최고의 폭군이라는 비판을 받아왔으나, 중앙집권 관료제의 도입, 도량형, 문자 및 화폐제도의 통일, 인구 조사, 엄격한 조세 제도의 시행 등 다양한 사회개혁을 이끌었다. 광대한 도로망과 북쪽 유목민족의 위협을 방어하기 위해 만리장성 건설을 시작하였다. 양쯔강 상류의 쓰촨성 '두장옌'은 유명한 고대 수리시설로, 만리장성보다 인류를 위해 훨씬 큰 공헌을 했다고 평가받고 있다. 쓰촨성 두장옌시에 있는 이 관개용수용 제방은 2000년에 유네스코 세계문화유산으로 지정되었다.

진나라 소양왕(기원전 272년) 시기에 지방관으로 임명된 리빙(李氷)은 봄에 히말라야의 티베트고원 만년설이 녹아 흘러내린 물이 빠르게 불어나서 피해를 유발하는 민강(양쯔강의 지류)의 물을 다스려서 주변 농경지로 보내는 대규모 관개사업을 추진했다. 이 관개수로는 도가적인 개념[24]에 따라 만들어졌고, 기능적으로 중요한 어취, 비사언, 보빙구로 구성되어 있다[그림 8].

출처 : 바이두

[그림 8] 고대 중국의 수리시설 두장옌

1) 어취는 돌멩이를 채운 대나무 자루('죽롱'으로 불림)를 쌓아 물고기 부리 모양의 인공 구조물을 만들어 물길을 두 갈래, 즉 외부 수로(강의 본류이자 외강에 해당함)와 내부 수로(새로 만든 수로로 내강으로 불림)로 나누었다. 홍수기에는 외강으로 물을 보내고, 갈수기에는 내강으로 물을 돌리는 방식이다.

2) 비사언은 일종의 제방으로, 강의 굽어진 형태와 유속을 이용하여 상류에서 내려오는 자갈, 모래를 내보내는 토사 배출구로서 보빙구의 수로 바닥에 침전되는 것을 예방하는 역할을 한다. 또한 내강으로 들어온 물이 넘칠 경우, 이 제방을 통해 다시 외강으로 유도하는 자동 수량 조절 장치인 셈이다.

3) 보빙구는 인접한 산 아래의 청두평야로 물길을 유도하는 수

24) 강력한 물의 흐름을 직접 막는 대신에 물길을 만들어 잘 흘러가도록 함.

로이다. 당시 마땅한 장비가 없는 탓에 산 바위를 화톳불로 데운 다음 물을 끼얹어 바위를 쪼개는 작업을 반복하여 산을 절단해서 만든 취수구(取水口)이고, 이로써 강물을 동쪽으로 보내는 운하를 만들었다.

보빙구는 대략 폭 20미터, 높이 40미터, 길이 80미터 규모이고, 유입된 강물을 다시 여러 갈래의 관개수로를 통해 청두평원에 보내 많은 농산물을 생산하는 농업지대로 변모시켰다. 약 5,200제곱킬로미터에 달하는 이 평원은 500만 인구를 먹여 살렸다. 수로가 완성된 뒤에는 홍수와 가뭄 피해가 눈에 띄게 줄었고, 오늘날에도 그대로 이용되고 있다.[25)]

치수 사업 사례 : ② 미국 후버댐

농사를 지을 수 있을 정도로 풍부한 물이 있다고 해도 정작 필요할 때 물을 사용할 수 없는 경우가 잦다. 콜로라도강은 로키산맥으로부터 캘리포니아만에 걸쳐 2,253킬로미터를 흐르면서 미국 서부의 건조한 지역에 물을 대주는 역할을 한다. 그러나 봄과 여름에 로키산맥의 만년설이 녹아 만든 많은 물이 하류 저지대의 농토와 지역을 자주 침수시켰고, 늦여름이나 초가을에는 하천의 수량이 크게 줄어 물 부족을 초래했다. 더욱이 1929년 10월 '블랙 먼데이'로 불리는 뉴욕 주식거래소의 폭락으로 경제공황이 시작되면서, 당시 신흥 경제대국으로 떠오르던 미국은 내수시장 침체로 약 1,500만 명에 달하는

25) 스티븐 솔로몬 지음, 주경철 · 안민석 옮김, 2019, 물의 세계사, 민음사, pp.128-134.

실업자가 발생했다.

미국 대통령 후버(1929~1933년 재임)는 이러한 실업난을 극복하고, 주기적으로 범람하는 콜로라도강의 수해를 방지하는 동시에 원활한 용수공급을 위해 댐 건설을 확정하였다. 이것이 정부가 직접 경제에 개입하고 공공사업을 확장하는 '뉴딜(New Deal) 정책'이다. 오랜 준비기간을 걸쳐, 볼더댐(Boulder Dam)이란 이름으로 1931년에 착공되어 1935년에 완공되었다. 당시 세계 최대 규모의 아치형 콘크리트 중력댐으로, 높이 221미터, 길이 411미터, 콘크리트 두께는 최대 200미터, 저수량은 320억 톤으로 우리나라 소양강댐 저수량의 11배가 넘는다. 1947년에 후버 대통령을 기념하기 위해 후버댐(Hoover Dam)으로 이름을 바꿨다[그림 9].

32대 대통령 프랭클린 루스벨트(1933~1945년 재임)는 1933년에 취임하자마자 막 시작된 대공황의 어려운 상황을 극복하기 위해 착수한 후버댐을 뉴딜정책의 핵심 공공사업의 모범사례로 들었다. 이 댐은 수천 명의 고용효과를 냈고, 약 2,500만 명에게 물과 전기를 공급하고 있다. 후버댐은 물의 역사에서 중요한 전환점이었다. 그 이후 거대 다목적 댐의 시대가 열렸고, 1930년대 중반 이후 약 30년 동안 미국은 전 세계에서 댐 건설 열풍을 이끌었다. 후버댐에서 생산된 전기와 풍부한 물은 캘리포니아, 네바다, 애리조나 등 3개 주에 공급되었고, 특히 캘리포니아 농업은 여기에 전적으로 의존하고 있다. 이런 대규모 토목공사는 대공황 당시 수많은 실업자를 위한 일자리 창출과 서부지역의 물 부족을 해결하는 등 미국 경제 회복의 발판이 되었다. 1940년대 뉴딜정책을 통해서 경제위기를 극복한 저력은, 2차 세계대전 이후 미국이 세계적인 초강대국으로 부상하는 과정에서 핵심적인 역할을 했다.

댐이 건설되면서 인공 호수 미드(Mead)호가 생겼고, 댐에 저장한 물은 수력 발전, 식수, 농업용수 및 산업용수 등으로 사용하고 있고, 미국 현대 7대 건축물의 하나이자 관광지로도 유명. 후버댐 정면(좌), 물을 채우기 이전의 후버댐 후면(우) 모습이고, 우아한 건축기법인 아르데코 스타일로 모든 구조체가 유선형으로 건축미를 높였음.
출처 : http://en.wikipedia.org/wiki/Hoover_Dam

[그림 9] 미국 후버댐의 정면과 후면 취수탑

3. Blue Gold(물, 水)를 찾아서

21세기는 물의 시대

지난 몇 년 전까지만 해도 물이 더 필요하면 수원(水源)을 찾아 더 많이 시추하고, 더 많이 끌어올리고, 송수관을 더 많이 설치하는 식으로 공급량을 늘려왔다. 이제는 물 한 방울도 허투루 쓰지 않고, 가능한 한 여러 번에 걸쳐 재활용하고, 물 사용 효율성을 향상하는 새로운 패러다임이 필요하다. 그동안 수자원 공급 위주의 물관리 정책에서 물의 분배, 양적 및 질적인 향상 영역까지를 아우르는 정책을 병행하고 있다.

21세기는 '물의 시대'라 불릴 만큼 물의 중요성이 커짐에 따라 세계적으로 수자원 활용 및 물 관련 원천기술을 확보하고자 하는 '블루 골드 러시(Blue Gold Rush)'가 치열하다. 현재 직면한 물 문제를 해결하는 방안 중 하나는, 정보통신기술(ICT)을 활용하여 지표수(하천, 저수지 등에서 취수된 물), 하수 처리수, 빗물 등 다양한 수자원을 효율적으로 생산 · 수송 · 저장 · 배분 · 관리하는 지능형 물관리 시스템인 스마트 워터 그리드(Smart Water Grid : SWG)를 도입하고 있다. 스마트 워터 그리드는 수자원의 공간적 · 시간적 불균형을 해소하고, 적용 규모별로 수자원 활용의 효용성을 증대하는 시스템이다.[26)]

다양한 대체 수자원의 확보와 수자원의 효율적 활용 방안으로 빗물, 하수 처리수, 강변 여과수, 해수 담수화, 그리고 첨단기술을 이용

---

26) 김정인 · 임효숙, 2014, 물 정책의 패러다임 변화 –물과 창조경제(저널 물 정책 · 경제 특별호)–, 피어나, pp.291–292.

한 물관리를 들 수 있다[그림 10].[27]

[그림 10] 새로운 수자원 확보 및 효율적 활용 방법[28]

〈빗물〉

가장 손쉽게 얻을 수 있으며, 별도의 시설 없이 공급하기 때문에 에너지 소비가 적은 것이 장점이다. 최근 많은 연구개발을 통해 안정적인 수자원으로 탈바꿈하고 있다.

〈하수 처리수〉

일상생활에서 매일 버려지는 일정량의 하수를 재처리하여 사용하는 수자원으로, 부족한 수자원을 보충할 수 있는 확실한 수단 중의 하나이다. 물 부족이 심한 중동 국가는 물론 이스라엘, 몰타, 미국, 호주 등에서

27) 이상봉 외 4인, 2012, RDA 인테러뱅 68호 : 블루골드, 물 이야기, 농촌진흥청.
28) 이상봉 · 김승희 · 김민영 · 이용범 · 김민경, 2012, RDA 인테러뱅 68호 : 블루골드, 물 이야기, 농촌진흥청, p.12.

적극적으로 하수를 재활용하고 있다.

〈강변 여과수〉

물이 풍부한 하천으로부터 50~300미터 떨어진 둔치에 20~40미터의 집수정을 뚫어 하천에서 강변으로 스며든 강물과 지하수를 취수하여 사용한다. 하천물의 수질이 떨어지는 독일, 스위스, 네덜란드 등 유럽에서 활발하게 활용되는 방식이다.

〈해수 담수화〉

지구의 97.5퍼센트를 차지하는 바닷물을 이용하여 담수를 얻어내는 기술이다. 바닷물 속에 있는 입자성 물질은 물론 염분을 포함한 이온 물질까지 걸러내 순도 높은 음용수 및 생활용수, 공업용수, 농업용수를 얻어내는 수처리 공정을 말한다.

〈첨단 물관리〉

물이 재생되는 속도보다 소비되는 속도가 더 빨라 단기적인 물 공급은 태생적으로 부족하게 되어 있다. 따라서 새로운 대체 수자원(빗물, 하수 처리수, 강변 여과수, 해수 담수화 등)에 비해 첨단 물관리 기술은 물 사용방식의 체계화를 통해 물의 이용효율을 높이고, 물 낭비를 줄이는 방안과 관련 기술을 포함한다.

빗물, 가장 경제적인 수자원

빗물은 물의 자연순환에 의해 발생하고 손쉽게 얻을 수 있다. 우리나라 한 해 빗물 총량은 1,323억 톤이다. 이 가운데 563억 톤은 대기로 증발하고, 나머지 760억 톤이 이용 가능한 수자원이다. 이 중에서 바다로 흘러가는 양은 약 388억 톤이고, 지하수나 댐용수, 강물 등 우리가 이용하는 물은 약 372억 톤이다[그림 4] 〈표 3〉. 인구 증가와 물 사용량을 고려할 때 30년 뒤에는 약 30억 톤의 물이 부족할 전망이다. 이 부족량은 1년 동안 내리는 빗물의 총량 1,323억 톤의 2퍼센트를 조금 초과하는 정도이다. 바다로 유출되는 물을 가두는 댐을 만들거나 물 증발량을 억제하는 것은 어려운 일이다. 오히려 매년 내리는 빗물을 받아서 활용한다면 물 부족 문제를 쉽게 해결할 수 있을 것이다.[29]

빗물은 지표면의 물이 수증기가 되어 올라갔다가 다시 떨어진 것이므로 상대적으로 깨끗하다. 빗물은 소독 부산물, 염분, 무기물뿐만 아니라 인간 활동으로 배출되는 오염물질이 포함돼 있지도 않다. 거의 중성 상태의 연수(빗물 경도 2~200ppm)이므로 설비에 물때나 부식이 덜하여 배관설비의 수명이 연장된다. 수돗물처럼 먼 거리를 운반할 필요도 없고, 주변에서 모아 간단히 정수해서 쓸 수 있다. 빗물 이용시설은 지붕에서 빗물을 모으는 집수시설, 모은 빗물을 저장하는 저장조, 저장된 빗물을 처리하는 빗물 처리시설, 처리된 물을 사용장소까지 연결해 주는 배관들로 구성된다. 저장조가 저장할 수 있는 양보다 많은 비가 내릴 때 사용하는 월류 밸브(overflow valve)는 빗물 이용시설에 필요하다[그림 11].

29) 한무영 · 강창래 지음, 2011, 빗물과 당신, 알마, pp.136-137.

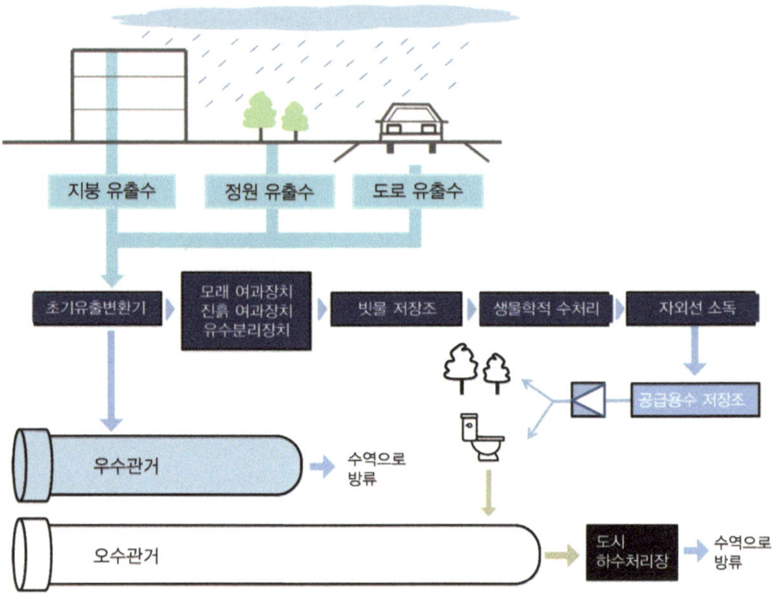

[그림 11] 상업용 건물 빗물이용시설의 개념도

빗물 이용은 수도세 증가와 제한 급수를 유발하는 불규칙한 강우에 대한 합리적이고 경제적인 대응이 될 수 있다. 빗물 유출량의 감소는 빗물로 인한 지표수의 오염을 감소시켜 호수, 강, 바다를 더 깨끗하게 만든다. 발생한 빗물 자체는 지하수를 보충하는 데 유용하다. 화장실 용수나 조경용수 등 비음용수로 사용될 물은 식수보다 덜 처리해도 되고, 물이 운반되는 거리가 짧아서 빗물 이용은 기존의 물 공급시스템의 에너지 효율을 높일 수 있는 대안이다.[30] 서울 광진구의 스타시티 빌딩은 지하에 3,000톤 규모의 빗물 저장조를 설치하였다. 수집된 빗물은 정원, 공동화장실 등에 사용하여 물 처리비용을

30) 제리 유델슨 저, 한무영 역, 2012, 기후변화에 대비한 도시의 물관리, 씨아이알, pp.160-161.

절감하고 있는데, 이 같은 빗물 재활용 사례는 대규모 주거단지, 공공시설 등을 중심으로 빠르게 늘어나고 있다[그림 12].

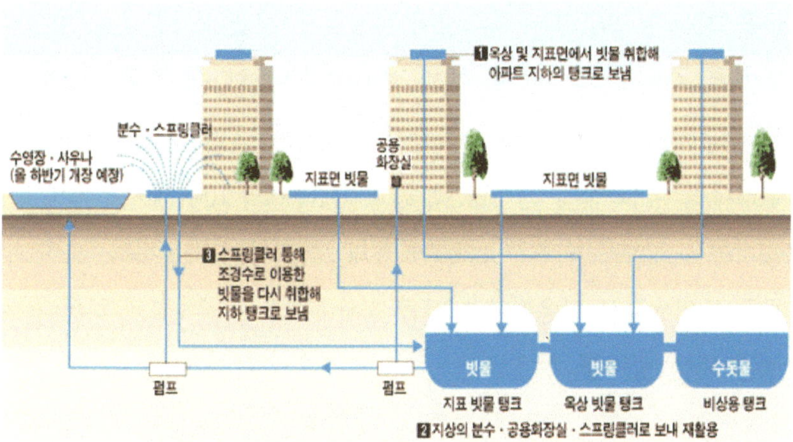

출처 : http://news.joins.com/article/3111068.html

[그림 12] 서울 스타시티의 빗물 재활용 개념도

하늘에서 떨어지는 공짜 물을 모아 활용하는 것은 미국, 호주, 독일뿐 아니라 여러 나라에서 인기를 얻고 있다. '적극적(active)' 빗물 이용 방식은 언제든지 사용 가능한 저장조를 가지며, 빗물은 연수이자 살균제, 염, 광물과 인간이 발생시키는 오염물을 포함하지 않기 때문에 주거 및 상업용 건물에 물을 공급할 수 있는 훌륭한 방법이다. 이에 비해 '소극적(passive)' 빗물 이용은 설치비가 저렴하고 모인 빗물 대부분을 관개용수나 화장실 용수로 사용한다.[31)]

31) 제리 유델슨 저, 한무영 역, 2012, 기후변화에 대비한 도시의 물관리, 씨아이알, p.178.

농촌진흥청에서는 빗물을 모아 작물 재배에 활용하는 '온실용 빗물 이용 시스템'을 개발했다. 이 시스템은 온실 지붕의 빗물을 모으는 집수시설, 불순물을 걸러주는 여과장치, 저장조(저장탱크), 모인 물을 작물에 공급하는 관수장치 등으로 구성됐다[그림 13]. 빗물로 토마토, 오이 등을 재배한 결과 생육이나 수확량에 차이가 없었고, 물 비용이 절감되어 농가 소득향상에 효과가 있는 것으로 나타났다. 우리나라 온실 전체 면적인 약 53,000헥타르의 10퍼센트에 빗물 이용시설을 적용하면 연간 4,600만 톤의 물 절약이 가능하다. 또한 빗물을 농업용수로 사용하면 그만큼 지하수위를 보전하므로 하천이 마르는 것을 방지할 수 있다.

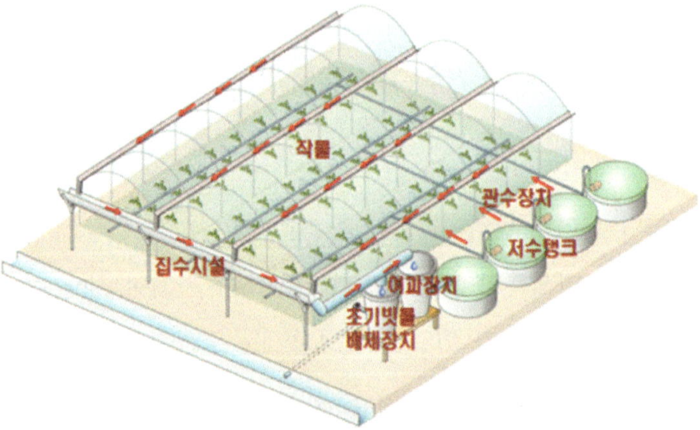

출처 : 농촌진흥청

[그림 13] 온실용 빗물 이용시스템

우리나라의 연간 평균강수량은 1,307밀리미터이지만, 연중 고르게 내리지 않고 특정 시기에 집중되는(통계적으로 분산치가 큼) 특성이 있으므로 물관리가 어렵다. 이를테면 홍수와 가뭄이 한꺼번에 오기 쉽고, 게다가 산이 많다. 이 같은 자연조건을 고려하여 우리 조상들은 물관리의 초점을 강이 아니라 빗물에 맞췄다. 예를 들어 최초의 저수지(김제 벽골제), 다랭이논(계단식 논), 둠벙(웅덩이) 등은 빗물에 맞춘 물관리 방법이었다. 다랭이논은 높은 곳에 있는 빗물 저장시설인 동시에, 홍수를 방지하는 역할을 할 뿐만 아니라 지하수를 공급하는 기능을 한다[그림 14].[32)]

[그림 14] 경남 남해군 남면 운암마을 다랭이논

하수 처리수, 폐기물 처리와 고정적인 물 확보

우리는 매일 거의 비슷한 양의 하수를 생성·배출한다. 하수는 빗물이나 집, 공장, 병원 등에서 쓰고 버리는 더러운 물로서, 배수관을

32) 한무영·강창래 지음, 2011, 빗물과 당신, 알마, pp.140-141.

통해 강이나 호수로 흘러 들어간다. 인간의 배설물과 음식물 찌꺼기 조각, 피부 각질과 같은 유기물, 각종 쓰레기와 폐기물 잔해 등이 포함돼 있으므로 적절한 처리가 이루어지지 않을 경우, 이는 강과 호수를 오염시킬 뿐만 아니라 환경보전에 위험을 초래하고, 그 아래의 대수층에도 악영향을 미친다.

인구 증가로 물 수요가 늘어나고 있지만, 기후변화로 인한 잦은 가뭄과 산업 활동에 의한 수질오염 등으로 사용 가능한 물이 줄어드는 추세이다. 따라서 안정적이고 지속적인 물 확보는 인류 미래에 대비한 중대한 과제이다. 새로운 물을 만들어낼 수는 없다. 사람이 필요로 하는 물은 지구 안에 갇혀 있다. 다시 말해 우리가 가져올 수 있는 물의 양은 고정되어 있다는 의미이다. 이런 조건에서 물을 확보하는 방안 중 하나가 하수를 활용하는 것이다. 하수를 걸러 재활용수로 만드는 기술 개발은 1960년대부터 시작됐다.

하수는 3단계 과정을 거치면서 깨끗하고 안전한 상태로 처리된 후 강과 호수, 바다로 배출된다. 1단계 처리에서는, 오수가 처리장 입구에 설치된 일련의 필터를 통해 흐르는 동안 쓰레기와 폐기물을 거르고, 오수에 남아 있는 고체와 반고체 형태의 유기물이 탱크 밑바닥에 가라앉는다. 이를 슬러지(sludge)라고 하는데, 모아서 쓰레기 매립지에 버려진다. 2단계 처리에서는 미생물(또는 박테리아)과 많은 양의 산소를 탱크에 주입하여 이전단계에서 제거되지 않은 유기물을 산화시키고, 바닥에 모인 슬러지를 다시 제거한다. 3단계 처리에서는 염소나 자외선에 노출하여 앞 단계 처리 이후 하수에 남아 있는 유기화합물, 콜로이드 물질, 인산염, 중금속, 철 또는 무기 이온을 제거한다.

이런 일련의 단계를 거쳐 만들어진 물은 마시기에는 부족해도 작물을 기르는 데는 안전하다[그림 15].

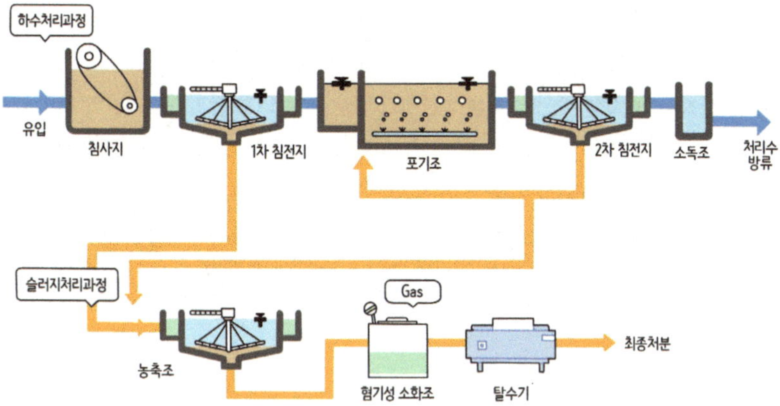

출처 : 삼성엔지니어링

[그림 15] 하수 처리 단계

이스라엘은 1973년부터 텔아비브 주위의 여러 도시에서 나오는 모든 오수를 모아 처리하는 시설인 '샤프단(Shafdan)'을 운영하고 있다[그림 16]. 샤프단은 하수 처리와 재생한 물의 농업적 활용 임무를 수행하고 있다. 현재 이스라엘은 하수의 95퍼센트를 처리하고 있다. 샤프단에서 나오는 물은 식수를 제외한 모든 용도에서 사용되고, 농업용수의 약 3분의 1을 차지한다. 그동안 하수는 대부분 골칫거리인 동시에 환경오염의 원천이기도 했지만, 이제는 소중한 국가 자원으로 취급되고 있다.[33]

33) 세스 M. 시겔 지음, 문직섭 옮김, 2019, 블루골드 시대 -물을 정복하라-, 다할미디어, pp.120-125.

출처 : Tahal Group

[그림 16] 이스라엘의 Dan 지역 폐수 수집, 처리 및 재사용시스템('Shafdan')

'화장실에서 수도꼭지로(toilet-to-tap)'라는 아이디어는 기술자, 화학자, 경제학자 등에게는 설득력이 있어도, 일반 대중들에게 전파하는 것은 훨씬 어려운 일이다. 가장 근본적인 문제는 '혐오 요인(Yuck factor)'이다. 기술적으로 각종 이물질이나 오염원을 하수에서 제거할 수 있다. 그러나 물 자체가 아무리 맑아도 그것이 어디에서 왔는지에 대한 이미지까지 제거할 수 없기 때문이다.

예를 들어 미국 캘리포니아의 오렌지카운티에서는 1970년대부터 하수를 재활용하기 시작해 현재는 물 수요의 20퍼센트를 얻고 있다. 이곳에서는 하수 처리수를 지하 대수층에 보관했다가 나중에 지하수로 뽑아내는 방식을 취함으로써 혐오 요인을 제거했다. 물을 흙을 통해 거르면 미생물에 의해 한 번 더 정화될 뿐만 아니라 대중의 의식 속에 있던 물의 '기원'도 잊게 해준다.

'화장실에서 수도꼭지로'의 접근법을 가장 잘 추진하고 있는 나라는 싱가포르다. '뉴워터(New Water)'라는 브랜드가 붙은 재활용 전략은 국가 안보 차원 또는 물 자립 차원에서 정당화되고 있다. 뉴워터는 오늘날 싱가포르 하루 물 소비량의 약 3분의 1을 차지하고 있으며, 이 비중을 50퍼센트까지 올리는 것을 목표로 하고 있다.[34)]

하수는 바닷물보다 염도가 매우 낮아서 처리가 쉽다. 하수 재활용은 물 산업에서 가장 빠르게 성장하는 분야이다. 모든 도시에 바다가 있는 게 아니고, 호수와 강이 있는 것도 아니다. 하지만 도시에는 하수가 있다. 재활용 하수의 혐오감을 완전히 없앨 수는 없다. 그러나 역삼투압 처리 과정을 거치면 불순물을 물리적으로 걸러내기 때문에 수돗물의 염소처리와 같은 화학약품이 불필요하다. 비용적인 측면에서도 하수 처리는 해수 담수화에 비해 절반 정도로 저렴하다.

강변 여과수, 토양이 여과한 깨끗한 물

강변 여과수는 하천이나 호수 부지 인접 지역을 낮게(지하 20~40m) 뚫어 양수(揚水, 물을 퍼 올림) 시설을 설치하고, 강 혹은 호수 주변의 모래 여과층 등 자연 지층을 통과한 지표수와 지하수를 양수 시설로 취수한 물이다[그림 17]. 일시적인 가뭄에도 물을 얻을 수 있어 안정적인 물 공급이 가능하고, 여러 세균과 유해 물질이 자연 여과되어 상대적으로 깨끗한 물이다. 그러나 여과될 수 있는 토양 퇴적층 또는 대수층, 물이 고이는 불투수층이 필요하다는 조건이 있다.

---

34) 제임스 샐즈먼 지음, 김정로 · 최호영 옮김, 2012, 식수혁명, 시공사, pp.351-363.

강변여과수는 겨울철에도 강물보다 수온이 높으므로 겨울철 정수 처리 공정에서 미생물의 암모니아 산화가 일어나 오염정화 효과가 있다. 부유물질은 강변 여과 과정에서 거의 제거되어 기존 공정에서 응집침전의 부담을 줄여준다. 또한 용해성 물질도 모래층에 흡착·침전되거나 미생물에 의하여 제거되므로 하천 표류수에 비해 DOC[35]가 60~70퍼센트 감소하는 특징이 있다. 강변 여과는 상대적으로 처리 공정이 단순하여 정수 비용을 절감할 수 있고, 슬러지 발생량을 대폭 감소시켜 친환경적인 시설을 유지할 수 있다. 그러나 취수를 위한 시설비와 전력비, 유지관리비가 많이 소요되고, 취수정 주변의 논이나 밭에서 사용한 비료와 농약에 의해 물이 오염될 수 있는 단점이 있다.[36]

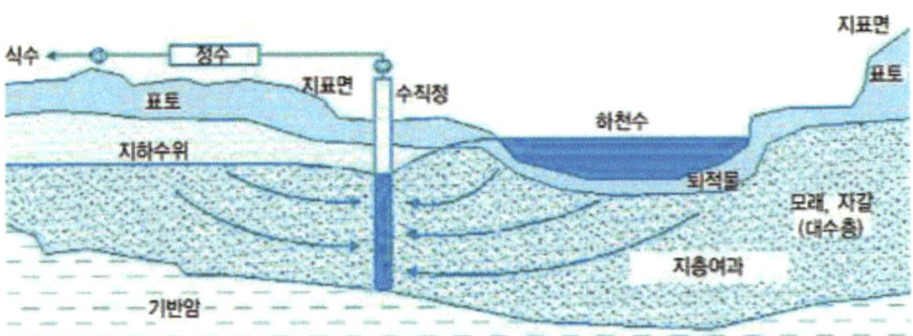

[그림 17] **강변여과수 취수 방법**

강변 여과수는 우리나라뿐만 아니라 독일, 네덜란드, 스위스, 프랑스 등 외국에서 보조 수자원으로 사용하는데, 주로 음용 수원으로 이

35) DOC(Dissolved Organic Carbon, 용존유기탄소) : 물속에 용해되어 있는 유기성 탄소를 말함.

36) 수자원공사, https://www.water.or.kr/encyclopedia/encyclopedia/encyclopediaview.do

용하고 있다. 국내에서는 김해시(1일 처리용량 18만 톤)와 창원시(6만 톤) 등 낙동강 수계(水系)가 조건에 가장 잘 맞으며, 한강 중상류에서도 개발 중이다.

해수 담수화, 푸른 황금이라 불리는 무한자원

오늘날 빗물이나 강물을 통해 자연적으로 얻을 수 있는 물이 충분하지 않다. UN 세계 수자원개발 보고서에서는 2050년까지 적게는 48개국 20억 명이, 많게는 60개국 70억 명이 물 부족을 겪을 것으로 전망하였다. 물 부족 사태는 한 국가의 식량안보, 경제 활성화, 사회화합, 공중보건, 그리고 주변국과의 관계에도 큰 영향을 미친다. 과거에는 물 부족 문제가 사막이 많은 일부 중동 지역에 국한된 문제로 여겨졌지만, 최근에는 미국을 포함하여 북남미 지역, 유럽, 아프리카 등 여러 국가에서 물 부족 문제를 겪고 있다. 우리나라의 일부 지역과 도서 지역에서도 매년 물 부족을 실감하고 있다.

더 안전하고 깨끗한 물을 생산하는 동시에 기후변화에 따른 부족한 물 부족 문제를 해결하기 위해서 오래전부터 해수 담수화 연구를 수행해 왔다. 해수 담수화는 지구상에 존재하는 물 가운데 97.5퍼센트를 차지하는 바닷물에 포함된 염분을 제거하여 우리가 마실 수 있는 담수(민물)를 만드는 기술이다. 물론 생활용수를 포함하여 공업용수, 농업용수 등으로 활용할 수 있다. 따라서 해수 담수화는 물 부족 문제를 해결하는 데 있어서 가장 유망한 대체 수자원이다.

이스라엘 최고의 과학연구소인 바이츠만 연구소는 1934년 설립 초기부터 해수에서 염분을 제거하는 연구를 핵심 도전과제로 수행하였다. 이스라엘 담수화 엔지니어링(Israel Desalination Engineering : IDE)은 1960년대 이후 바닷물을 가열 증발시켜 물을 생산하는 기계 증기압축식(Mechanical Vapor Compression : MVC)과 다중효용방식(Multi-Effect Distillation : MED[37]))을 개발했고, MED 방식은 수십 곳의 담수화시설에서 활용하는 데 성공했다. IDE는 1999년 말 MED 방식보다 더 높은 에너지 효율적인 역삼투압방식(Reverse Osmosis : RO)의 담수화 공장을 가동하고 있다.

역삼투압방식은 고농도 용액(바닷물) 쪽에 삼투압 이상의 압력을 가하면 삼투현상과는 반대로 고농도의 용액에서 순수한 물이 반투과성 막(Membrane)을 통과하여 저농도 용액 측으로 흘러가는 현상을 말하고, 가해진 압력을 역삼투압이라 한다[그림 18]. 이 방식은 수원에서 미네랄이나 원치 않는 물질을 걸러낼 때도 활용할 수 있고, 증발식보다 에너지 소모량이 적기 때문에 오늘날 해수 담수화 플랜트의 주류가 되고 있다[그림 19]. 이미 세계 전체 담수화시설에서 처리되는 바닷물의 60퍼센트를 정제하는 데 활용하고 있다.

이스라엘에서 오랜 기간에 걸쳐 해수 담수화 사업을 추진하는 과정에서 나타난 문제점은 1) 시설비용이 너무 많이 소요되고, 2) 이전에 실용화된 하수 재생처리수가 아직 충분히 활용되지 않고, 3) 물 사용료가 아직 낮아 농민들의 물 낭비가 심하고, 4) 정치적으로 중동에서의 전쟁 등이었다. 극심한 가뭄에 직면하여 물 문제를 사회기반시설로 해결하고자 하는 방안을 논의하는 중에 강우량이 늘어날 때

37) MED(다중효용) 방식은 해수에 열을 가해 증기를 만드는 전통적 방법인 증기 챔버 대신에 일련의 알루미늄관을 활용하여 열효율을 높여 에너지를 절감하는 방식임.

마다 논의가 뒷전으로 밀렸다. 그러나 초대 총리 다비드 벤쿠리온, 아리엘 샤론 등의 담수화에 대한 강한 믿음과 추진력, 그리고 IDE 소속 과학기술자들의 노력에 힘입어, 이스라엘의 물 관련 기업들은 담수화 부문에서 세계를 선도하고 있다.

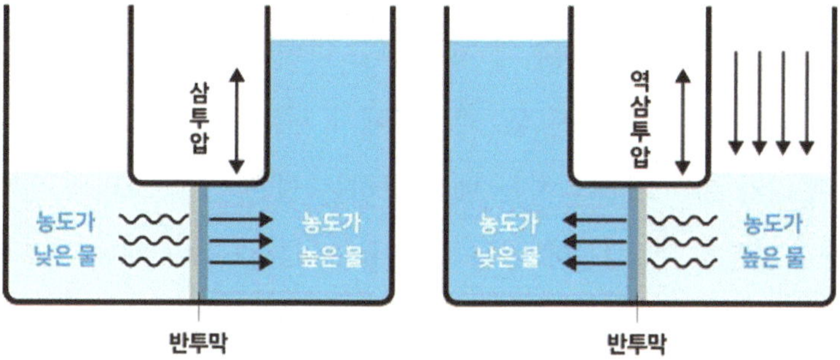

출처 : 두산중공업

[그림 18] 삼투압과 역삼투압방식의 해수 담수화 원리

출처 : 두산중공업

[그림 19] 사우디아라비아 쇼아이바 3단계 해수 담수화 플랜트

첨단과학을 이용한 물관리, 한 방울도 헛되이 쓰지 않는다

물 부족 측면에서 볼 때 현재 물관리 체계가 아직 크게 비효율적이다. 미국수도협회(American Water Works Association)에 따르면, 미국인은 하루 평균 약 260리터의 물을 사용한다. 그중 가장 많은 부분은 약 27퍼센트가 수세식 변소의 물로, 22퍼센트는 세탁에, 또 20퍼센트는 목욕이나 샤워에 사용한다. 나머지는 설거지에 쓰는 물, 수도 꼭지에서 떨어지는 물, 파이프에서 새는 물, 기타 가정용수이다. 우리가 마시고 요리하는 데 사용하는 물은 전체 소비의 일부에 지나지 않는다.[38] 서울에 있는 4개 아파트의 물 소비 패턴을 조사한 결과, 22.3퍼센트(53.1리터)는 목욕물에, 21.1퍼센트(50.2리터)는 변기의 물로, 14.8퍼센트(35.3리터)는 세탁에, 14.5퍼센트(34.6리터)는 취사용 및 기타에 사용하고, 하루 평균 237.6리터를 사용하는 것으로 나타났다.[39]

이스라엘 엔지니어 심차 블라스는 1930년대에 담장을 따라 심겨 있는 나무들 사이에 유난히 키가 큰 나무를 목격하고 그 이유가 무엇인지 궁금했다. 나무 밑동 근처에 있는 관수용 금속 파이프에 생긴 구멍 하나를 발견했다[그림 20]. 이 구멍을 통해 소량의 물방울이 뿌리로 흘러 들어가 크게 자라게 한 것을 보면서 새로운 관수방식인 점적관수(drip irrigation, 물방울 관수로 불림) 방식을 개발했다. 점적관수는 관이나 호스에 지름 1.5~2.0밀리미터의 미세한 구멍을 뚫어

38) 제임스 샐즈먼 지음, 김정로 · 최호영 옮김, 2012, 식수혁명, 시공사, p.356.
39) 한무영 · 강창래 지음, 2011, 빗물과 당신, 알마, p.135. 2010년 2월 〈워터저널〉 류재근 박사 칼럼에서 재인용.

수십에서 수백 개의 작물에 물방울이 조금씩 나오도록 조절하여 스며들게 만든 방법이다[그림 21].

구멍 난 호수 가까이 있는 나무가 다른 나무보다 크게 자란 것에서 점적관수 방법을 착안해 냄.

[그림 20] 점적관수 개발의 아이디어

[그림 21] 점적관수 방법과 가로수 관수에 이용

당시 가장 흔한 관수 형태는 경작지 전체에 물을 채우는 담수(湛水, flood irrigation) 방식이었다. 이 방식은 물을 작물까지 끌어오는 데 큰 노력과 비용이 들고, 물의 상당량이 뿌리에 흡수되기 전에 증발하거나 토양 속으로 스며든다. 일반적으로 사용한 물의 50퍼센트 이상이 버려진다. 담수방식의 대안이었던 스프링클러(sprinkler) 관수 방식도 대략 물의 3분의 1이 낭비되는 등 비슷한 문제를 안고 있다.

점적관수의 실용화 초기에 나타났던 여러 문제를 오랜 기간 연구를 통해 해결하였다. 구체적으로 설명하면, 1) 점적기(dripper)를 땅속이 아니라 나무 밑동에 설치하여 흙에 의해 막히거나 점적기 속으로 자라난 뿌리에 의한 물의 흐름 방해를 해소하고, 2) 경작지의 높낮이에 관계없이 각 작물에 같은 양의 물을 공급하기 위해서 관 내부에 나선모양의 '마이크론 튜브'를 넣어 관 전체에 걸쳐 수압을 일정하게 유지하는 기술을 개발하고, 3) 관의 소재를 금속에서 가볍고 저렴하면서도 유연한 소재로 대체하였다. 이러한 문제들을 해결하는 과정에서 관수 성능도 크게 향상되었다. 하체림 키부츠는 1966년에 '물방울'이라는 뜻의 '네타핌(Netafim)'이라는 이름으로 관개장비를 제조·판매하기 시작하였다.

점적관수는 다른 관수방식에 비해 물 사용량을 40~70퍼센트까지 줄일 수 있어 에너지 비용과 농장 운영경비가 절감되었다. 더욱이 담수 방식과 스프링클러 관수 방식은, 물을 공급할 때는 뿌리가 물에 잠겨 산소 부족을 유발하고, 물이 부족할 때는 식물에 물 스트레스를 가하는 방식이 반복되었다. 이에 비해 물을 한 방울씩 공급하는 점적관수 방식은 식물을 안정시키며, 식물이 가장 잘 자랄 수 있는 환경을 제공함으로써 수확량이 늘었을 뿐만 아니라 수확물의 품질이 향상되는 효과를 가져왔다.

깨끗한 물의 경제성은 보존 기술에 의해 좌우된다고 할 수 있다. 다시 말해 물관리 기술 가운데 가장 가치 있는 것 가운데 하나는 송수관 망에서 새는 곳을 찾아내는 기술이다. 이스라엘 최대 수도회사인 하기혼(고대의 '샘'에서 이름을 따 왔음)이 공급하는 물 중에서 누출이나 파열로 잃는 물은 약 10퍼센트에 달한다. 이는 일상적으로 30퍼센트 이상이 사라지는 미국의 송수관 망보다 훨씬 낮다. 따라서 물관리 기술의 핵심은 어디서든 계량기가 정확한지, 물이 깨끗한지, 압력이 괜찮은지, 흐름이 정상인지, 펌프가 제대로 작동하는지, 시설이 잘 작동되는지를 모니터링하고, 이들 결과를 온라인으로 통합하는 데 있다. 또한 이들 정보를 바탕으로 물 흐름의 패턴을 분석하는 소프트웨어를 개발하여 물을 효율적으로 관리하는 것이다.[40)]

물에 관한 이스라엘의 철학, 12요소[41)]

이스라엘은 지난 70년 동안 뛰어난 엔지니어와 과학자, 정책 입안자들이 물 관련 전문기술과 사회기반시설을 개발함으로써, 물 부족과 가뭄의 두려움에서 벗어나고 기후 조건에 크게 영향을 받지 않게 되었다. 현재 이스라엘에서 채택한 기법과 아이디어, 기술 및 물에 관한 세계관은 다양한 상황에 적용될 수 있다. 다음에 소개하는 열두 가지 요소들은 물에 관한 이스라엘의 철학과 성공요인을 이해하는 데 필요한 핵심이다.

40) 아만다 리틀 지음, 고호관 옮김, 인류를 식량 위기에서 구할 음식의 모험가들 -10장 물을 만드는 사람들-, 세종, pp.305-325.

41) 세스 M. 시겔 지음, 문직섭 옮김, 2019, 블루골드 시대 -물을 정복하라-, 다할미디어, pp.322-343.

1) **물은 국가 소유 자산이다** : 1959년에 진보적인 물 관련법을 제정하여, 물을 중앙정부가 통합 관리하였다. 물의 첫 방울 생성에서부터 마지막 사용에 이르기까지 물 순환 전 과정을 관리한다. 예를 들어 모든 펌프와 시추공, 물의 배분은 허가받도록 했다.

2) **낮은 물 가격은 물 낭비를 불러온다** : 물을 사용하는 자가 비용 전부를 부담하며 정부 보조금을 없앴다. 실제 비용이 가격으로 책정되면, 소비자는 필요한 양만큼만 사용하며 쓸데없이 낭비하지 않는다. 물 생산에 들어간 비용에 기반한 물 가격을 결정하고 적용하는 것이 가장 효과적인 물 절약 수단임을 증명했다.

3) **국가 통합에 물을 활용한다** : 누구도 물의 질에 관해 특별대우를 받거나 보다 많은 물에 접근할 권리를 부여받지 않는다. 전 세계 여러 지역에서 물은 분열의 근원이다. 이스라엘은 물을 국가 통합의 수단으로 활용하는 방법을 찾아냈다.

4) **정치인이 아니라, 규제 담당 기관에 맡긴다** : 선거 제도의 현실적 속성 때문에 정치인의 우선순위는 대중의 이해관계에 따라가기 마련이다. 물에 관한 의사결정 단계에서 정치적 동기와 정치인을 제외하였을 뿐만 아니라, 중앙집권적이며 기술자를 중심으로 한 '이스라엘 물 관리청'을 출범하였다.

5) **물 존중 문화를 조성한다** : 물 절약을 상기시키는 광고판을 전역에서 볼 수 있다. 학교에 입학하면서부터 물 절약을 배우기 시작하며, 물이 부족하지 않은 시기에도 전 국가가 항상 물에 관심을 두게 만든다.

6) **다양한 접근 방식을 추구한다** : 바닷물 담수화, 빗물 재사용, 점적관수, 인공 강우용 구름씨 살포, 염분 농도 높은 물에 잘 자라는 종자

개발 등 다양한 해법을 제시하였다. 하나의 해법만으로는 물 문제를 해결할 수 없다는 것을 강조하고 있다.

7) **물 사용료는 물에 투자한다** : 물관리 통제권을 시 정부에서 물 · 하수 관리에만 집중하는 기술자 중심의 위원회로 넘겼다. 물 사용료와 하수 요금은 지방과 국가의 물 시스템을 확실히 구축하는 원래 목적을 위해 100% 사용한다.

8) **늘 혁신을 추구한다** : 새로운 아이디어를 적극적으로 수용하고 실패를 비난하지 않는 국민적 사고방식을 통해 수많은 벤처가 창업될 수 있도록 박차를 가했다. 지난 10여 년간 200개 이상의 물 관련 스타트업이 운영 중이고, 이는 같은 기간 동안 전 세계에서 탄생한 물 관련 스타트업 전체의 10%에 해당한다.

9) **광범위한 측정과 감시 체제를 갖춘다** : 1950년 중반부터 어떤 물도 계량기를 거치지 않고는 우물에서 퍼 올리거나 가정이나 기업체 또는 농장으로 공급할 수 없는 법을 제정했다. 측정을 통해 얼마나 많은 물이 어떤 용도로 소비되는지 정확히 파악해서 현명한 결정을 내린다.

10) **미래를 보며 현재 계획을 수립한다** : 이스라엘은 법에 따라 계획을 수립하고, 이를 엄격히 시행한다. 1930년대부터 종합계획을 수립 · 실행해 왔고, 2050년을 향한 물 계획에는 첨단기술 활용 방법, 새로운 접근 방식과 아이디어 등이 포함되어 있다. 이 같은 사전의 계획 수립과 실천은 예기치 못한 상황으로 인한 고통을 덜 수 있다.

11) **앞장서서 주장하는 자들이 필요하다** : 장기간에 걸친 가뭄과 같은 위기가 일어나지 않는 한 물 문제가 언론과 대중의 관심을 끌지 못한다. 건국 초기의 다비드 벤구리온과 레비 에슈콜 같은 총리 등의 물 문제

해결의 중요성에 관한 주장에 힘입어, 물 관련 사회기반시설은 관심과 필요한 자금 지원을 받고, 기업가는 물에 관한 기술 개발에 따른 인센티브를 받을 수 있다.

12) **바로 지금이 행동에 나설 때다** : 건국 초기부터 물 문제가 위기로 바뀌기 전에 먼저 조처를 해왔다. 이스라엘 물관리청의 고위 관리이자 담수화와 하수 처리 권위자인 아브라함 테네는 "이스라엘의 경험에서 얻은 중요한 교훈을 하나 꼽자면, 모든 해답을 얻을 때까지 기다리지 않는다는 것입니다. 우리는 시작하기 전에 충분히 파악하고 각 프로젝트에 돌입하지 않지만, 완벽할 수 없다는 사실을 알고 있습니다. 사실 완벽할 필요도 없습니다. 추진 과정에서 고쳐 나갈 수 있기 때문입니다."라고 주장했다.

참 / 고 / 문 / 헌

1. 김정인 · 임효숙, 2014, 물 정책의 패러다임 변화, 물과 창조경제(저널 물 정책 · 경제 특별호), 피어나, pp.71-105, 155-179, 291-292에서 재인용.
2. 사이언티픽 아메리칸 편집부 엮음, 강윤재 옮김, 2012, 과학과 물 관리, 한림출판사, p.68.
3. 세스 M. 시겔 지음, 문직섭 옮김, 2019, 블루골드 시대, 물을 정복하라, 다할미디어, pp.16-25, 120-125, 322-343.
4. 스티븐 솔로몬 지음, 주경철 · 안민석 옮김, 2019, 물의 세계사, 민음사, pp.7-116, p.128-134.
5. 아만다 리틀 지음, 고호관 옮김, 인류를 식량위기에서 구할 음식의 모험가들 -10장 물은 만드는 사람들-, 세종, pp.305-325.
6. 윌리엄 F. 러디먼 지음, 이준호 · 김종규 옮김, 2015, 지구의 기후변화, 시그마프레스, p.29.
7. 유현준 지음, 2021, 공간의 미래, 을유문화사, pp.157-159.
8. 이상봉 · 김승희 · 김민영 · 이용범 · 김민경, 2012, RDA 인테러뱅 68호 : 블루골드, 물 이야기, 농촌진흥청.
9. 제리 유델슨 저, 한무영 역, 2012, 기후변화에 대비한 도시의 물관리, 씨아이알, pp.160-161.
10. 제임스 샐즈먼 지음, 김정로 · 최호영 옮김, 2012, 식수혁명, 시공사, pp.351-363.
11. 조원주 외 4인, 2020, 참여형 농업용수 관리체계 구축 방향과 과제, 한국농촌경제연구원 연구보고 R915.
12. 최성우, 2022, 과학기술칼럼 : 가상수와 물 발자국, science.net 한국과학기술인연합.
13. 한무영 · 강창래 지음, 2011, 빗물과 당신, 알마, pp.135, 139-142.

지·속·가·능·한·농·업

연습문제와 토론사항

1. 다음 용어를 설명하시오.
   - 가상수(virtual water)
   - 증산(蒸散)작용
   - 점적관수(drip irrigation)

2. 동서고금을 통틀어 관개와 치수가 국가의 가장 중대한 임무 중 하나였던 이유를 설명하시오.

3. 국제인구행동연구소의 분석에 따르면, 우리나라는 '물 부족 국가'에 속한다. 그 이유를 설명하시오.

4. 물 부족 위기의 주요 원인에 대하여 설명하시오.

5. 농업용수가 생활용수나 공업용수와 다른 점을 설명하시오.

6. 수자원 확보방안 중에서 빗물의 장점과 그 가능성을 설명하시오.

7. 하수 처리수가 수자원 확보 측면에서의 장점과 이 방안을 확대 보급하는 데 제약이 되는 사항을 설명하시오.

8. 물 부족 시대에 지구상에 존재하는 물의 97.5%를 점유하는 해수 담수화가 가장 유망한 대체 수자원이다. 해수 담수화 방식별 원리 및 특징을 설명하시오.

9. 미국 후버댐과 같은 다목적 댐의 장점과 문제점을 설명하시오.

10. 새로운 수자원(물)을 확보하는 방안에 못지않게 확보한 물을 효율적으로 활용하는 것도 중요하다. 물을 효율적으로 활용할 수 있는 방안을 연구개발 측면, 정책적인 측면, 개인이 할 수 있는 방안으로 구분하여 토론하시오.

AGRICULTURE

지 속 가 능 한 농 업

생명의 근원, 흙

PART 06

AGRICULTURE

PART 6 생명의 근원, 흙

인간은 지구 표면을 덮고 있는 얇은 층인 흙에 발을 디디면서 살아왔고, 앞으로도 영원히 흙과 떨어져 살 수 없다. 항상 곁에 있기에 흙의 가치와 존재감을 깨닫지 못한다. 흙은 식물 생육에 필요한 물과 양분의 저장고이면서 식물을 지지한다. 또한 자연 생태계 일부로서 인류와 육상 생물에게 삶의 터전을 제공한다. 흙이 없다면 식물이 자라지 못하고, 식물이 없으면 동물 역시 살아남을 수 없다. 지구상의 식물과 동물, 그리고 인간은 흙에서 살 공간과 영양분을 구하고 적응하면서 생명을 유지한다.

흙은 바위가 오랜 기간에 걸쳐 이루어진 풍화작용의 산물이다. 암석이 쪼개진 가루 상태의 토양이 생성되고, 여기에 동식물에서 발생한 유기물이 합쳐져 부드럽고 비옥한 토양이 만들어진다. 달에는 암석과 암석 가루는 있지만, 물과 공기와 생명체가 없다. 화성에는 물과 공기가 있고 흙도 있지만, 화성 흙에는 식물과 같은 유기물이 존재하지 않아 부식(腐植)이 없다. 이런 면에서 지구의 흙은 달과 화성의 흙과 다르다. 정리하자면 토양은 식물이 존재하는 지구에서만 만들어지고, 동·식물의 존재가 확인되지 않은 달과 화성에는 없다고 할 수 있다.

흙은 우리 인류에게 무한한 혜택을 제공한다. 비옥한 땅에 온화한 기후와 풍부한 물이 있는 곳에서 농경문화가 시작되었다. 가장 쉽게 구할 수 있는 흙을 이용해서 토기, 기와 등 생활 용구를 만들어 사용했다. 흙은 오랫동안 건축재료로 사용돼 왔고, 현재는 사람과 자연이 공존하는 생태건축 소재로 재인식되고 있다. 흙 속에 있는 무수한 미생물과 박테리아는 식·의약 소재로 활용될 뿐만 아니라, 흙과 식물, 나아가 식물을 먹는 동물을 살려 지구 생태계의 선순환에 없어서는 안 될 요소이다. 또한 흙은 홍수조절, 수자원 함양, 수질정화, 대기정화 및 기후순화 등 환경적·공익적 가치가 높다.

1960년대 이후 세계인구 급증과 식량부족과 같은 문제해결을 위해 다수확 품종 위주로 재배하면서 화학비료와 농약, 대형 농기계를 투입하는 녹색혁명 농법은 토양의 산성화, 토양침식, 수질오염 문제를 초래했다. 게다가 빠르게 진행되어 온 산업화와 도시화, 기후변화에 의한 홍수, 가뭄, 사막화 등으로 오히려 경지가 줄어들 위기에 당면하고 있다. 이번 장에서는 흙의 기능과 중요성, 흙이 그동안 인류에게 제공한 여러 가치, 그리고 흙의 생성과 성숙, 오염, 흙을 건강하게 유지하는 방안 등을 소개한다.

1. 흙의 정의와 기능

흙이란?

인류가 태어나기 이전부터 흙은 지구 위에 존재했고, 인류는 지구상에 발을 디디면서부터 흙과 더불어 살아왔다. 지구의 약 70퍼센트는 바다이지만, 약 30퍼센트는 갈색이나 녹색의 대지가 차지한다. 그중 붉은 빛을 띤 갈색은 대표적인 흙 색깔이다. 이를테면 지구는 갈색 흙의 행성이라 할 수 있다. 흙은 동·식물과 곤충의 진화, 그리고 인류 발전을 위한 공간을 제공해 줄 뿐만 아니라 생물들 사이에서 영향을 주고받으며, 5억 년 동안 끊임없이 변화해 왔다.

흙을 나타내는 한자 '土'에서, 세로 기둥에서 위로 솟아 나온 부분은 식물을, 아래는 뿌리를 뜻하고, 위의 가로 막대는 시표면을, 그리고 아래의 가로 막대는 암반을 의미한다. 즉 흙은 식물과 생태계를 지탱하는 기반이라 할 수 있다. 그리고 토양의 '토(土)'는 자연 그대로의 흙이지만, 토양의 '양(壤)'에는 밭의 흙과 같이 부드럽고 비옥한 이미지의 흙을 말한다.[1] 일반적으로 토양은 "기후와 살아 있는 생명체에 영향을 받고 지형에 의해 변형되는 특성이 있으며, 오랫동안 모재(母材)에 영향을 받는 동적 자연체이다."라고 정의한다.[2] 흙은 식물의 뿌리를 잡아주고, 뿌리는 흙에서 물과 양분을 빨아들이고 숨 쉴 공간을 찾아낸다. 식물이 없는 맨땅에는 미생물이 거의 없지만, 뿌리 주위에는 미생물들이 모여들어 또다시 흙을 기름지게 만든다. 이렇

1) 후지이 가즈미치 저, 염은혜 역, 2020, 흙의 시간 -흙과 생물의 5억 년 투쟁기-, 눌와, p.12.
2) 나일 C. 브래디 · 레일 R. 웨일, 김수정 등 역, 토양학, 교보문고, p.39.

듯 흙과 식물은 한 몸처럼 살아간다.

화성과 금성 같은 행성에도 흙이 있지만, 지구의 흙과는 차이가 있다. 화성은 지구에 비해서 적은 양의 태양 복사에너지를 받기 때문에, 화성 표면의 흙은 얼어 있다. 물과 산소의 작용으로 점토도 존재하지만, 화성 흙에는 검은색을 띠게 하는 부식(腐植, humus[3]))이 없다. 부식은 '썩은 식물'에서 생겨난다. 낙엽, 마른 풀, 뿌리 등 식물 유체(遺體) 또는 사체에 한정되지 않고 동물과 미생물의 유체나 분변도 부식 재료가 된다. 생물 유체가 형체도 없이 세세하게 분해되면 부엽토가 되고, 부엽토가 더 변질하면 부식되고, 점토와 섞여 갈색의 대지를 만든다. 부식은 너무 복잡해서 화학구조조차 부분적으로밖에 알 수 없는 경이로운 물질이다. 흙을 공장에서 재현할 수 없는 이유도 이 때문이다. 부식을 만드는 비법은 흙 속에 있는 무수한 미생물만이 알고 있다.[4]

지구에서는 암석으로부터 만들어진 모래와 점토 위에서 식물이 죽고, 그 식물 유해와 모래, 점토가 바로바로 섞이면서 퇴적된다. 이것이 흙이다. 결국 식물이 존재하는 지구에만 흙이 만들어진다. 다시 말해서 '토양'이란 '바위의 분해물과 죽은 동식물이 섞여 있는 것'을 가리킨다. 따라서 동식물의 존재가 확인되지 않는 달과 화성에는 토

3) 부식(Humus)은 흙 속에서 식물이 썩으면서 여러 가지 분해단계에 있는 유기물의 혼합물을 만드는 것을 말함. 부식토는 토양유기물이 변하여 형성된 화학적으로 안정한 고분자량 물질로서, 작물생산에 필요한 주요 다량원소(K, Ca, Mg)와 미량원소(Fe, Zn 등)의 주 공급원이고, 토양입자의 입단화 및 안전성 증가, 수분 보유 능력 향상 등과 같은 토양의 물리적 성질을 개선하는 데도 중요한 역할을 함.

4) 후지이 가즈미치 저, 염은혜 역, 2020, 흙의 시간 -흙과 생물의 5억 년 투쟁기-, 눌와, pp.11-15.

양이 없다라고 할 수 있다. 이런 측면에서 지구는 달이나 화성과 구분된다.

흙의 의미와 그 중요성을 동양철학에서는 "땅은 땅으로서 실체론적으로 존재하는 것이 아니다. 땅은 끊임없는 무기화[부숙(腐熟) : 썩힘]의 역동체이다. 땅은 존재가 아니다. 그것은 유기물 부숙을 통한 무기화의 기운이다. 땅은 미생물의 보고요, 생명체의 집합체이다. 땅이 유기물을 무기화시키지 않는다면, 우리 삶의 공간은 온갖 시체로 점유되었을 것이다. 땅은 단순함으로의 복귀다. 땅은 분해와 해체의 마당이며, 동시에 합성과 구성의 근원이다. 흙은 만물이 귀(歸)하고 만물이 생(生)하는 자리며, 하늘을 구현하는 어미(母)인 것이다. 흙을 떠난 삶의 우주를 우리는 생각할 수 없는 것이다."라고 해석하고 있다.[5)]

흙의 기능과 중요성

역사적으로 농업은 오랫동안 한 나라의 기간산업이고, 농업의 기반에는 흙이 있다. 지구상의 식물과 동물 그리고 인간은 흙에서 살 공간과 영양분을 구하고 적응하면서 생명을 유지해 왔을 뿐 아니라 흙과 떨어져서 살 수 없다. 흙이 인간에게 주는 기능과 역할은 매우 중요하고 다양하다.

호주의 맥브라트 교수와 힐 교수는 "토양은 식량안보, 물안보, 에너지 지속성, 기후변화에 대한 안정성, 생물다양성, 생태계 역할전달

---

5) 김용옥, 2013, 노자와 21세기(1), 통나무, pp.238-239.

자로서 지구의 지속 발전을 위해 종합적인 역할을 담당하므로, 토양을 잘 지키고 가꾸는 것이 인류의 안정적인 삶과 직결된다"라고 주장했다.[6)]

유엔(UN)은 토양의 중요성을 강조하기 위해 2013년에 매년 12월 5일을 '세계 토양의 날'로 제정하였다. 그리고 국제식량농업기구(FAO)에서는 토양의 주요 기능을 다음과 같이 제시하였다.

① 건강한 토양에서 건강한 식량이 생산된다.
② 토양은 식량, 섬유, 연료 및 약용작물을 생산하는 작물 재배의 원천이다.
③ 토양은 삼라만상의 생물다양성을 지원하고, 전체에 대한 주체이다.
④ 토양은 탄소순환에 결정적인 역할을 하여 기후변화에 대한 대응 및 적응에 기여한다.
⑤ 토양은 물을 저장하고 정화하여 홍수 및 한발에 대한 적응력을 증가시킨다.
⑥ 토양은 비가역적 자원이며, 이것의 보전은 식량안보 및 지속적인 미래를 위해서 필수적이다.

또한 제20차 세계토양학대회(World Congress of Soil Science, WCSS, 2014년 6월)에서 '제주토양선언문'을 채택하였다[그림 1]. 토양선언문은 인류 삶에 필수적인 식량자원과 수자원을 확보하고,

6) 이덕배, 2015, 흙을 가꾸는 마음 : 농사직설에서 흙토람까지 토양비료 여정, 문운당, pp.303-309.

생물자원을 보존하기 위해서는 토지 안보에 대한 인식을 높여야 한다는 내용을 포함하고 있다. 제주토양선언문을 정리하면 다음과 같다.[7)]

[그림 1] 토양선언문(농촌진흥청 국립농업과학원)

7) 현병근 · 이덕배, 2015, 해외 농업 · 농정 포커스 : FAO의 세계토양정보 구축과 대응, 한국농촌경제연구원 세계농업 제175호.

제주토양선언문

1) 토양은 우리의 발밑에 있는 더러운 흙이 아니라 모든 생명이 살아 숨쉬는 소중한 삶의 기반이다.
2) 토양은 식물과 동물, 인간의 건강에 영향을 미치므로 토양을 조심스럽고 지속가능하게 관리해야 한다.
3) 토양은 우리 삶에 필수적이지만 유한한 자원이므로 모든 수단을 통해서 보호하고 잘 가꾸어야 한다.
4) 토양은 복잡하고 다양하므로 인종과 성, 문화, 지역을 넘어서 토양지식을 증대시키는 데 협력해야 한다.
5) 토양의 유실과 황폐화는 토양의 생성보다 훨씬 빠르게 진행되므로 장기적인 전략을 수립하여 토양을 보호해야 한다.
6) 토양은 식량안보, 수자원, 생물 다양성, 에너지, 기후변화, 환경 건전성, 생태계 서비스와 밀접하게 관련되므로, 우리는 토양을 지속 가능하도록 이용하고 보호해야 한다.
7) 토양의 가치를 정치인과 정책가, 일반인들이 잘 알 수 있도록 우리는 그 중요성을 증대시키는 프로그램을 개발 · 보급해야 한다.
8) 토양은 도시화와 산업화, 폐기물 처리, 기타 용도로 이용되지만, 이는 식량 생산에 크게 영향을 주므로 우리는 생태학적 기능을 유지하거나 복원할 수 있는 최적 관리방안을 개발하고 보급하여야 한다.
9) 토양은 모든 삶의 터전이므로 우리는 매년 12월 5일을 세계토양의 날로 기념하여 토양의 가치와 혜택을 강조해야 한다.

흙의 핵심적 역할[8)]

지구는 생명을 지속 보전하는 공기, 물, 토양으로 덮여 있다. 토양

8) 나일 C. 브래디 · 레일 R. 웨일, 김수정 등 역, 토양학, 교보문고, pp.1-10.

은 지구상의 생명체 유지에 중요하고, 토양의 질은 동·식물 생태계와 인류를 부양하는 능력에 크게 관여한다. 그러나 사회가 점점 도시화되면서 토양을 가까이 접하여 생활하는 사람들이 빠르게 감소하고, 그들의 생존과 번영이 토양에 의존하고 있다는 점을 깨닫지 못하는 층이 늘어나고 있다.

인간 활동은 탄산가스와 메탄가스 농도를 증가시켰고, 지하수 오염과 고갈, 토양오염 등을 유발하였고, 그 결과로 지구의 공기, 물, 토양의 특성을 변화시켜 왔다. 더욱이 세계인구는 꾸준히 증가하는 반면에, 세계 여러 지역에서 식량을 생산해 내는 토양 능력은 오히려 감소하는 추세다. 주택의 뒤뜰, 농장, 산림, 하천 등 어디에서든 생태계에서 토양은 다음과 같은 6가지 핵심적 역할을 한다[그림 2].

첫째, 식물 생육의 지지대이다. 토양은 배지(培地 : 영양소가 들어 있는 고체나 액체)로서, 모든 식물에 필수적인 무기 영양소를 공급한다. 인간을 포함한 동물은 식물을 섭취함으로써 토양에서 무기 영양소를 간접적으로 흡수한다〈표 1〉. 식물체의 건물을 형성하는 유기성 대사산물, 효소, 구조화합물은 토양이 아닌 광합성작용을 통하여 얻어지는 탄소(C), 수소(H), 산소(O)로 주로 구성되어 있다. 식물은 토양이 없는 수경재배[9]에서도 키울 수 있으나, 이 경우 식물을 지탱하는 지지체가 필요하고, 에너지와 재배관리에 큰 비용이 투입되어야 한다. 비록 몇 가지 고부가가치 식물의 경우, 소규모 단위로 생산되는 수경재배가 가능하지만, 세계의 식량과 섬유 생산, 그리고 자연생

9) 수경재배는 흙 없이 식물 생장에 필요한 여러 가지 영양분을 물에 녹여 식물에 공급하여 재배하므로 '양액재배'라고도 한다. 이때 식물체를 지지하는 배지나 구조물이 필요함.

태계 유지는 토양에 영원히 의존할 것이다.

〈표 1〉 식물 생장을 위한 필수 원소들과 이들의 공급원

대량 영양소(건조 식물조직의 0.1% 이상)		미량 영양소(건조 식물조직의 0.1% 이하)
대부분 공기와 물로부터	대부분 토양 고상으로부터	토양 고상으로부터
탄소(CO_2) 수소(H_2O) 산소(O_2, H_2O)	양이온: 칼슘(Ca^{2+}) 마그네슘(Mg^{2+}) 질소(NH_4^+) 칼륨(K^+) 음이온: 질소(NO_3^-) 인($H_2PO_4^-$, HPO_4^{2-}) 황(SO_4^{2-})	양이온: 구리(Cu^{2+}) 철(Fe^{2+}) 망간(Mn^{2+}) 니켈(Ni^{2+}) 아연(Zn^{2+}) 음이온: 붕소(H_3BO_3, $H_4BO_4^-$) 염소(Cl^-) 몰리브텐(MoO_4^{2-})

둘째, 물 공급과 수질 조정자이다. 물은 강, 호수, 강 하구, 그리고 대수층의 토양을 통과하여 이동하거나 지표면 위를 흐르면서 정화된다. 오염된 물도 표층토로 스며들어 흐를 때 많은 불순물이 제거되고 병원미생물이 죽어 없어진다. 또한 토양 공극은 빗물을 흡수하고 저장해서 장기간 식물에 물을 공급한다. 이를테면 토양의 수분 보존 능력은 식물 생장에 필수적이다.

셋째, 원자재들의 재활용자이다. 토양계는 지구 화학적 순환에서 중추적인 역할을 한다. 토양은 다량의 유기성 폐기물을 유익한 부식(humus)으로 변환시키고, 폐기물에 함유된 무기 영양소들을 식물과 동물이 흡수 이용할 수 있는 형태로 전환한다. 이처럼 영양소들의 재활용이 없다면, 식물과 동물의 자양분은 이미 오래전에 없어졌을 것이고, 동·식물 폐기물과 사체들이 지구를 덮었을 것이다. 그리고 토양은 상당량의 탄소를 축적할 수 있는 능력이 있으므로 온실효과에 의한 지구 기후변화에도 큰 영향을 미친다.

넷째, 대기 성분의 조정자이다. 토양은 지구를 덮고 있는 공기와 여러 경로로 상호작용한다. 토양은 대기 중 수증기의 주요 공급원이고, 수분 증발 작용은 대기 온도와 대기 성분, 지구 온도를 변화시킨다. 토양과 대기 사이의 기체교환, 즉 토양은 산소와 메탄가스를 흡수하고, 이산화탄소와 아산화질소(N_2O) 배출은 대기 조성과 지구온난화에 큰 영향을 미친다. 또한 흙은 지구의 급격한 온도변화를 완화한다. 이는 지표면의 열기가 단지 수 센티미터까지도 미치지 않는 흙의 높은 단열 특성 때문이다.

다섯째, 토양미생물의 서식지이다. 지구의 다양한 생태계들은 실질적으로 지면 아래에 존재한다. 토양은 단순히 부서진 암석 더미와 생명이 없는 부스러기가 아니다. 한 줌의 흙은 수천 종의 수십억 미생물 서식지가 될 수 있다. 소량의 흙에도 포식자, 먹이, 생산자, 소비자, 그리고 기생 동식물 등이 존재할 수 있다. 구체적으로 흙은 기체의 환기 작용, 유기 독성물질의 흡착·분해작용, 독성물질을 생산하는 미생물들의 억제 작용 등을 가지고 있어서 식물을 독성물질로부터 보호한다. 그리고 토양의 일부 미생물들은 식물의 활력을 증진하는 생장 촉진 화합물을 생산한다.

여섯째, 공학적 매체이다. 토양은 가장 먼저 광범위하게 사용된 건축자재 중 하나이다. 주택에서 생활하는 세계인구의 거의 절반은 흙으로 주택을 건축하였다. 흙 건축물은 아프리카 진흙 오두막에서부터 현대의 안정화된 시멘트와 외부 힘으로 압축된 '다져 굳힌 흙(rammed-earth)' 벽으로 만들어진 친환경 건축물까지 다양하다.

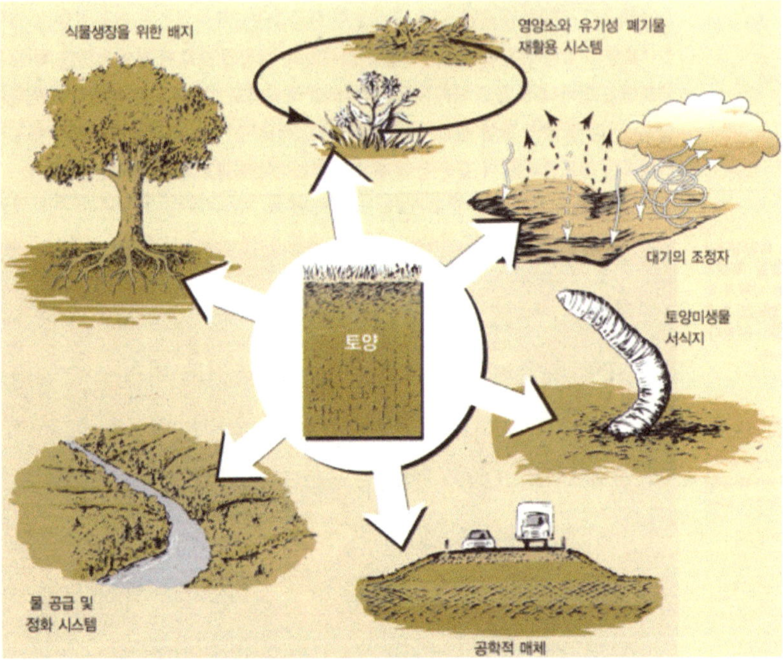

[그림 2] 토양의 핵심적 역할[10)]

10) 나일 C. 브래디 · 레일 R. 웨일, 김수정 등 역, 토양학, 교보문고, p.3.

2. 흙의 가치

문명의 장(場)을 제공하는 흙

인류 문명은 기후가 온화하고, 물이 풍부하고, 토양이 비옥한 큰 강 주변에서 시작되었다. 이런 곳들은 곡물 재배에 유리하고, 먹을거리가 풍부했기 때문에 자연스럽게 사람들이 모여 촌락이 형성되었다. 나일강, 유프라테스-티그리스강, 인더스강, 황허강 등 세계 4대 문명 발상지 이외에도, 동남아시아의 메콩강, 유럽의 라인강에서도 일찍부터 농경문화가 발달했다.

강 상류에서 물과 함께 떠내려온 비옥한 흙들이 쌓여 삼각형 모양의 넓은 평야(삼각주)가 만들어졌고, 이곳은 농사에 안성맞춤이었다. 나일강의 경우, 매년 홍수 때마다 에티오피아 고원시에서 흘러드는 7천만~1억 5천만 톤의 흙이 지난 7천 년 동안 비옥한 땅을 유지하는 원천이었고, 이집트에서는 이를 '강의 선물'로 여기고 있다. 1960년대 아스완 댐 완공 후에는 흙 공급이 중단되면서 농산물 생산량이 급감했고, 이를 보완하기 위해 화학비료 투입이 크게 늘었다.

촌락이 뭉쳐 도시가 형성되면서 도시국가로 발전하였고, 기록과 의사전달을 위한 '문자'가 사용되면서 문명기에 들어섰다. 문명 발달 과정에서 흙은 그릇 등의 생활 도구와 건축에 이용되었으며, 더 나아가 신앙, 예술 및 문화 활동 등에도 활용되었다. 메소포타미아의 수메르인은 기원전 3천 년경 진흙 판에 뾰족한 갈대 펜으로 표식을 찍은 쐐기모양 글자인 '설형(楔形)문자'를 만들어 이용하였다. 최초의 도시 메소포타미아는 가장 쉽게 구할 수 있는 재료인 강가의 진흙으로 만든 벽돌을 굽고, 이를 쌓아 '지구라트(ziggurat)' 신전을 만들었다[그림 3]. 이 건축은 실내공간을 만들기 위한 목적이 아니라 벽돌을 높게 쌓아서 계단을 만들고, 그 꼭대기에 제단을 세워 절대 권력의 위계를 보여주고자 했다.

흙과 땅속에는 성스러운 지신, 집터를 지켜주는 터주신, 지속해서 만물을 탄생시키는 지모신이 있고, 이들 신들이 우리의 생사·화복·길흉을 좌우한다고 믿고, 사람들은 이들을 섬겨왔다. 만물을 낳고 키운 대지를 위대한 지모신으로 숭상하는 신앙은 세계 농경문화에서 공통으로 발견된다. 그리스 신화에 나오는 가이아, 데메테르, 헤라, 아프로디테, 아르테미스 등은 대지의 여신으로 상징된다. 흙을 일종의 수호신으로 여기는 '지모신관(地母神觀)'은 모든 것이 흙에서 태어나 흙으로 돌아간다는 사상으로 대지를 은혜로운 여성으로 여겼다.

지구라트는 고대 메소포타미아나 엘람 도시에서, 도시가 모시는 주신에게 바쳐진 성탑이다.

햇볕에 말린 벽돌이나 구워 만든 벽돌로 지어졌고 다층 구조의 기단 위에 신관만이 출입할 수 있는 신전이 세워져 있었다.

가장 컸던 바벨론의 지구라트는 신바빌로니아 시대에 세워졌으며, 7단에 90m 높이였고 유대인들은 이를 바벨탑이라고 불렀다. BC 479년 페르시아의 침공으로 철저히 파괴되었고, 이후 페르시아를 정복한 알렉산더 대왕이 재건하려고 했지만 너무 큰 사업이라 포기했다고 전해진다.

출처 : http://haghiasophia.tistory.com/70

[그림 3] 진흙 벽돌로 만든 지구라트 신전

도자예술로 다시 태어나는 흙

흙은 구하기 쉬운 재료다. 흙을 여러 형태로 가공하고, 이를 불로 말림으로써 오랫동안 형태를 유지하면서 예술적 가치를 지닌 다양한 물체를 만들었다. 토기, 토우, 도자기, 기와 등이 대표적이다[그림 4]. 신석기시대부터 만들어진 토기(土器)는 진흙으로 빚은 그릇으로 잿물을 씌우지 않아 윤기가 없으며, 섭씨 700~850도로 구운 것이다. 토기는 당시 생활필수품이었고, 쉽게 깨져 대량으로 만들어졌고, 제작된 시대와 지방의 모습을 잘 보여주고 있다.

빗살무늬토기

토우(신라)

청자비룡형주자

기와 문양

[그림 4] 흙으로 만든 토기, 토우, 도자기와 기와

토우(土偶)는 흙으로 사람이나 동물, 생활 용구 등을 만든 표상물이다. 동양이나 서양에서 주로 주술적 목적이나 부장물로 제작되었다. 토우들은 그들이 지닌 소박함이나 뛰어난 예술성으로 인하여 높게 평가되고 있으며, 다양한 모습에서 당시의 신앙 내지는 옷과 장신구 연구에 활용되고 있다.

1978년 중국 산시성(陝西省)의 진시황릉 병마용갱에서 흙으로 빚은 사람과 말 6천여 개가 발견되었다. 이들은 당시 진(秦)나라 군대의 사병과 전차를 끄는 말들로, 실전에 사용되던 군복과 무기를 갖추고 진(陳)을 치는 방법대로 서 있다. 병마용은 사병과 말의 실제 크기보다 조금 크고, 원래 채색되어 있었으나 발굴 때 햇빛에 노출되면서 흙색으로 변했다. 병마용은 대표적인 토우로, 사실적으로 만들어져 예술적인 가치와 함께 진나라의 시대상 연구에 중요한 유물이다[그림 5].

세계의 경이로운 8곳 중 하나로 꼽히는 진시황릉 병마용갱(兵馬俑坑)에서 약 6천 개의 도용들이 발굴됐고, 현재도 발굴 중이다. 이들은 흙으로 만든 토우이며, 하나하나가 훌륭한 예술품으로 그리고 당시의 군사 편제, 갑옷, 무기 등의 역사 연구 자료로 높게 평가받고 있음.

[그림 5] 진시황릉 병마용갱(황제의 무덤에 있는 것은 미라가 아닌 토우)

도자기(陶瓷器)는 주원료인 점토에 고령토, 장석, 규석, 납석 등을 혼합하여 모양을 만들고 유약을 입혀 높은 온도에서 구운 것이다. 흙은 인체와 자연에 해가 없고 자연 친화적이어서 금속 또는 합성재료 등을 대체할 수 있는 소재로서, 그 가치가 높다. 도자기는 토기가 진보한 것으로 유약을 발라 섭씨 900~1,100도로 구워 만든 것이고, 찻잔에서부터 장식, 조리용기, 저장용기까지 매우 여러 용도로 이용되었다. 고령토(高嶺土, Kaolin)는 희고 부드러워서 백토라고 부르며, 반죽 후에 형태를 만들고 고온에 노출되더라도 쉽게 변형되지 않아 도자기 재료로 적합하다.

몸과 마음에 건강을 주는 흙

인간의 몸을 구성하는 원소 대부분이 흙과 유사하며, 이는 흙이 건강에 매우 중요한 역할을 한다는 것을 의미하기도 한다. 사람과 동물 모두에게 흙이 약으로 쓰인 사례는 쉽게 찾아볼 수 있으며, 체내의 기생충, 병원균 및 독소를 막기 위한 약이 대표적이다.

오늘날 유아에서 성인들까지 얼굴, 등, 팔, 다리 등 온몸이 벌겋게 돋아오르고 가려워 괴롭히는 '원인 불명의 만성 난치성 염증성 피부질환(아토피피부염으로 불림)'은 현대인의 질병 또는 도시 질병으로 일컫는다. 이는 유전적 요인과 심한 공해, 아파트의 벽지나 마루, 가구에서 나오는 화학약품, 식품 첨가물 등 환경적 요인에서 비롯된 것으로 알려졌다. 아토피에 걸린 사람들은 '자연 친화 치료법', 이를테면 자연과 가까이하는 생활 습관을 갖게 하거나, 아토피 증상이 나타난 부위에 흙을 바르는 경우도 있다.

황토에서 방출하는 원적외선[11]의 온열 성질이 혈액순환을 촉진하고 신진대사를 상승시켜 피로회복을 돕고, 해독 및 유해 물질을 배출하는 효과를 응용한 의료기구가 개발되었다. 황토 속의 미생물 효소인 카탈라아제, 디페놀옥시다아제 등은 독소 제거, 노폐물 분해, 자정 능력이 있어 피부 미용에도 좋다. 이 같은 황토 효과 때문에 그 상품 가치가 점점 높아지고 있다.

세종대왕의 찜질방 사랑

세종대왕은 황토로 만들어진 찜질방에 한의사를 배치해 중증의 고혈압, 당뇨병, 난치병 환자들을 치료하도록 배려했으며, 왕과 왕자들이 피로할 때 쉴 수 있도록 3평(10m^2) 정도의 황토방을 운영하였음. 현대 황토방의 원조라 할 수 있음.

- 찜질방인 한증소(汗蒸所)는 조선시대 질병 치료 차원에서 의료기관인 혜민국 소속으로 운영되었음.
- 입자가 곱고 산소를 많이 함유한 황토는 60도 이상 가열하면 원적외선이 방사되며, 이 원적외선은 피부 깊숙한 곳까지 침투하여 인체에 가장 유익한 에너지로 전환하는 역할을 함.

흙 놀이가 아이들의 정서와 지능에 긍정적인 영향을 미치고, 면역체계까지 강화해 주는 것으로 알려졌다. 두꺼비 집짓기, 땅뺏기놀이, 지신밟기 등은 마을의 공동체 의식을 높여주므로 현재까지도 전해

11) 원적외선(far infrared ray) : 파장이 25-1,000㎛인 전자기파로, 가시광선보다 파장이 길어서 눈에 보이지 않고 열작용이 크고 침투력이 강하고, 유기화합물 분자에 대한 공진과 공명 작용이 강한 특성을 이용해 다양한 산업과 의료 분야에서 응용됨.

내려오는 민속놀이다. 흙 놀이 공원, 점토 · 모래놀이 세트, 공작 점토 놀이, 컬러 찰흙 등 흙 놀이 체험전과 모래와 점토를 응용한 제품 등도 인기가 높다. 또한 흙장난이 침울한 기분을 끌어 올려주고 면역 체계까지 강화해 준다는 연구 결과도 있다.

산업 소재로서의 흙

흙이 작물생산의 가치 외에 화장품과 의약품의 원료, 축제 등에 활용되고, 그 경제적 가치가 새롭게 조명받고 있다. 예를 들어 흙을 이용한 한복, 기저귀, 종이, 찜질방, 장판 등 다양한 제품들이 판매되고 있다. 흙이 갖는 흡착력을 이용하여 피부의 노폐물과 먼지를 효과적으로 제거하고 미네랄을 공급해 주는 비누, 샴푸, 화장품 등은 이미 산업화되어 널리 활용되고 있다. 이들 제품은 천연성분이라 피부에 자극과 부작용도 적은 것이 장점이다. 클레오파트라의 진흙 화장, 중국의 흙 화장품인 백로분 등은 아주 오래전부터 피부미용과 피부질환을 고치는 데 사용됐다. 충남 보령시는 갯벌 진흙을 이용해 머드화장품, 팩, 보디클렌저, 화장품, 소독제 등 다양한 제품을 판매하고 있다.

흙은 미생물의 서식지이고, 지구상에서 가장 풍부하게 분포하는 미생물 중 하나는 방선균(Actinomycetes)이다. 이들은 흙 속에서 유기물 분해, 질소고정, 독성물질 분해 등과 같은 유익한 작용을 하므로 농업에서 유익한 미생물로 활용하고 있다. 또한 방선균은 항균작용을 가진 종류도 있어서 항생제나 항균 물질 개발에 활용되었다. 미생물학자 셀먼 왁스먼[12]은 생명력이 강한 결핵균이 땅속에서 빨리 죽는 이유를 밝히는 과정에서, 땅속에 서식하는 방선균이 내는 물질이 결핵균을 저지하는 것을 알아냈다. 항생제나 항암제 등 지금까지 알려진 생리활성물질의 70퍼센트 정도가 토양에 사는 미생물인 방선균에서 만들어진다. 방선균은 흙 1그램당 수백만 마리가 있고, 일반적인 박테리아와 달리 실처럼 가느다랗게 퍼져서 자라고, 잘 분해되지 않는 유기물을 분해하는 능력이 우수하다. 방선균에서 추출한 스트렙토마이신은 결핵, 화상 등 감염된 피부병 치료에 활용하고 있다.

흙을 지역축제와 농촌관광에 활용하여 지역사회의 소득증대와 경제 활성화에 이바지할 뿐 아니라 참여자들의 건강과 더불어 즐거움을 제공하는 사례가 늘고 있다. 이스라엘 사해, 러시아 바이칼, 미국 캘리포니아 클레어 머드, 뉴질랜드 화산머드 등이 유명하다. 우리나라 보령 머드축제, 태안 바다 황토 축제, 평택 바람새마을, 당진 영전 황토마을에서는 황토팩, 황토풀, 황토염색 등 여러 가지 체험행사와 관광을 연계한 지역축제가 매년 개최되고 있다.

인간의 생활공간, 건축의 재료

다른 많은 생명체처럼 인간들도 흙에 기대어 살아왔다. 숨 쉴 틈

12) 셀먼 왁스먼(Selman Abraham Waksman) : 토양미생물학의 최고 권위자였음. 페니실린의 발견 이후 미생물에서 항생물질을 찾는 연구를 수행한 결과, 결핵 치료에 효과적인 최초의 특이성 물질이며 항생물질인 스트렙토마이신을 발견하여 1952년 노벨 생리학 · 의학상을 수상했음.

하나 없는 시멘트에 갇혀 사는 우리로서는 상상하기 힘들지 모른다. 하지만 지금도 전 세계인구의 약 22퍼센트가 흙집에 살고 있을 정도로 여전히 흙에 많은 빚을 지고 있다. 우리 조상들 역시 오래전부터 이 흙을 삶의 바탕으로 삼아왔다. 흙을 반죽하여 흙벽을 만들고, 방바닥을 만들어 집을 지어왔다. 여름에는 시원하고 겨울에는 따뜻한 집은 이 흙에서부터 시작한다.[13)]

흙은 가장 오래된 건축재료였다. 자연에서 쉽게 얻을 수 있고, 집안의 온도와 습도를 조절해 건강한 삶을 영위할 수 있게 하는 장점이 있다. 일교차가 심한 사막에서 흙집은 한낮의 열기를 막아주고, 밤에는 흙에 축적된 열기를 방출하여 실내 온도를 조절해 준다. 습도가 높을 때는 흙의 빈 공간이 습기를 흡수하고, 건조할 때는 습기를 내뿜어 습도를 조절해 주는 천연 가습기의 역할을 한다.

흙집은 내구연한(耐久年限)이 수백 년간 지속되므로 건축과 관련된 많은 문화유산이 남아 있다. 피라미드 모양의 첨탑으로 만든 징가레베(Djinguerber) 사원은 이슬람을 대표하는 흙 건축기법의 원형이다. 높이 20미터의 젠네(Djenné) 사원은 세계에서 가장 큰 진흙 벽돌 건물로 수단-사하라 양식 건축물의 대표적인 걸작이다. 또한 '아라비아의 로렌스', '나사렛 예수'의 배경 장소이기도 한 아이트 벤 하두(Ait Ben Haddou)는 건축 예술의 요람이 되는 마을이다 [그림 6].

13) EBS 흙 제작팀, 흙, 함께 숨 쉬는 생명들의 희로애락, 낮은산, pp.29-30.

[그림 6] 세계의 흙집 : 말리 징가레베 사원(좌)과 모로코 아이트 벤 하두(우)

건축재료로써 흙이 갖는 장점은 과거에 그치지 않고 현대 건축의 대안으로 인정받고 있다. 사람과 자연의 공존이라는 원칙에 기초하는 건축, 이를테면 생태건축(Ecological Architecture)은 자연의 유기체와 이를 둘러싸는 환경의 연관관계인 생태학을 건축에 접목하여 '지속 가능성'을 중시하였다[그림 7].

전북 김제시 '지평선 중 · 고교'는 기둥을 제외하고 흙으로 만든 벽돌, 블록, 미장, 타일, 보도블록 등 5가지 재료로 지어짐.
- 우리나라 공공건축의 대가인 고(古) 정기용 건축가의 혼이 담긴 생태 건축물로 원불교계의 대안학교
- 지혜의 숲으로 명명된 원형 도서관에는 어디에나 햇볕이 비추도록 설계된 것이 특징

출처 : 지평선고등학교 홈페이지

[그림 7] 흙으로 지은 학교

흙 주택의 초기 건축비는 일반건축에 비해 다소 높지만, 전력소비 등 유지비가 적게 들고, 친환경의 강점 때문에 건축 자재로 흙에 관한 관심이 높다. 프랑스 리옹의 일다보(L'lsle-d'Abeau) 주택단지의 경우, 전력 소비량이 일반 주택에 비해 50~60퍼센트 감소하였다. 독일 하노버 발도로프(Waldorf) 흙집 유치원은 학부모들에 의해 지어졌고, 아이들의 호흡기 질환 개선에 효과가 있는 것으로 나타났다.

생태계 물질 순환의 근본

흙은 물, 공기와 함께 지구에 존재하는 동·식물이 자랄 수 있는 공간을 제공한다. 동시에 흙은 생태계 물질 순환의 근본적인 요소 중 하나이다. 흙을 통해 이루어지는 생태계 물질 순환은 자원의 재활용과 에너지 흐름을 조절하여 생태계의 안정성과 기능을 유지하는 역할을 한다. 이를테면 인간은 흙에서 양분과 수분을 흡수하는 식물과 이를 섭취하는 동물에서 생명에 필요한 에너지를 얻어 생활한다. 생태계 물질 순환에는 영양분 순환, 탄소 및 유기물 순환, 물 순환이 있다.

첫째로 영양분 순환이다. 토양은 식물 성장에 필요한 영양분을 제공하는 중요한 저장소이다. 식물은 뿌리를 통해 토양에 존재하는 질소, 인, 칼륨 등의 영양분을 흡수하여 성장한다. 또한 토양 속에 서식하는 미생물들은 유기물을 분해하여 영양분들을 유용한 형태로 변환한다. 식물은 태양으로부터 에너지를 흡수하여 최종적으로 유기물을 생산하므로, 이는 일종의 에너지 흐름 또는 에너지 순환이라 할 수 있다. 이 같은 과정에서 만들어진 농산물은 다시 다른 생물, 동물과 인간에게 영양원으로 제공된다.

둘째로 탄소와 유기물 순환이다. 식물과 다른 유기체들은 광합성 과정에서 이산화탄소를 흡수하여 토양에 저장하고, 토양 속의 미생물들은 유기물을 분해할 때 이산화탄소를 배출한다. 이러한 순환과정에서 토양은 기후조절에 영향을 미치며 탄소 중립의 역할을 한다. 또한 토양은 유기물의 분해와 분해된 유기물의 재생산에 중요한 역할을 한다. 죽은 식물과 동물의 잔해, 배설물, 유기 폐기물 등은 토양 내의 미생물과 기타 분해 생물들에 의해 유기물이 생성된다. 이러한 유기물은 토양을 비옥하게 하여 생물 다양성을 지원한다.

셋째로 물 순환이다. 토양은 물의 흡수, 저장 및 방출에 관여하여 수분 순환을 조절한다. 강우는 토양에 스며들고, 토양 속의 물은 식물에 흡수되어 호흡 과정(증산작용)에서 수증기 형태로 대기 중으로 이동한다. 이러한 물 순환은 생물의 생존과 생태계의 안정성을 유지하는 데 이바지한다. 또한 토양에 존재하는 유기물과 점토가 오염물질을 흡착·고정하므로 지하수 정화 기능이 있다. 물을 저장하고 공극(空隙)에 스며들게 하여 생태계에 필요한 지하수를 보전하고 홍수를 방지한다. 논 1헥타르(ha)는 연간 2,944톤의 홍수 유출을 막고, 연간 3,865톤의 지하수를 저장하고, 흙에 존재하던 수분이 증발하면서 대기 온도가 조절되는 효과도 있다. 농촌진흥청 연구 결과에 따르면, 우리나라 토양의 환경적 가치를 경제적으로 환산하면 약 67조 원에 이르는 것으로 나타났다〈표 2〉.

〈표 2〉 토양의 환경적 가치(2006년 기준)

(단위 : 억 원)

구분	밭(田)	논(畓)
홍수조절	72,215	443,149
수자원함양	528	17,694
대기정화	27,435	71,845
기후순화	4,850	13,020
수질정화	–	2,977
토양보전	7,610	15,069
합계	112,638	563,754

흙과 생명을 살리는 박테리아

흙 속의 생물체 중 가장 중요한 것은 보이지 않을 정도로 작은 박테리아와 실처럼 미세한 균류이다. 그 개체 수는 천문학적 수치에 달할 정도이다. 찻숟가락 한 술 정도의 흙에 수십억 마리의 박테리아가 포함되어 있다. 이런 면에서 흙은 엄청난 생존본능을 가진 박테리아가 많이 사는 집이라 할 수 있다. 흙에 사는 박테리아는 흙과 식물을 살리고, 그 식물을 먹고 사는 동물을 살려 지구 생태계가 원활하게 돌아가는 데 없어서는 안 되는 요소이다.

박테리아, 균류는 유기물을 썩게 만들어 동식물의 유체(遺體)를 원래의 구성 원소인 무기물로 환원시키는 데 중요한 구실을 한다. 이런 미생물이 없다면 토양과 대기와 살아 있는 생물들을 통한 탄소와 질소의 순환은 이루어지지 않는다.[14] 식물 성장을 돕는 비료에서 가장 중요한 원소 가운데 하나는 질소이다. 이 같은 질소(N_2)는 공기에 약

14) 레이첼 카슨 저, 김은령 옮김, 침묵의 봄, 에코리브르, pp.78-79.

78퍼센트가 있다. 그러나 식물은 단순한 분자 형태의 질소를 흡수하지 못하고, 암모늄 이온(NH_4^+), 질산이온(NO_3^-) 형태로 변환된 질소를 뿌리를 통해 흡수한다. 대기에 풍부한 질소를 식물이 흡수할 수 있는 형태로 바꾸는 역할을 하는 것이 박테리아이다. 콩과 식물의 뿌리에 살면서 질소를 흡수할 수 있는 형태로 만들어주는 뿌리혹박테리아(근류균, 根瘤菌)가 대표적인 박테리아이다[그림 8].

[그림 8] **뿌리혹박테리아**

이 작은 박테리아들은 흙에 딱 붙어서 흙 일부로 살아가면서 생태계가 잘 돌아가게 해주는 보이지 않는 조절자이다. 이를테면 박테리아는 식물에 꼭 필요한 영양소를 공급하고, 그 식물을 먹고 자란 동물, 그 동물을 먹는 동물, 이러한 식물과 동물들이 죽었을 때 그 사체에서 다시 식물이 먹을 수 있는 형태로 영양소를 만들어내는 등 다양한 역할을 한다. 결국 박테리아가 없는 땅에서는 식물이 잘 자라지 못하고, 식물을 먹고 사는 동물 역시 식물이 잘 자라지 못하면 살 수가 없다.

한편 박테리아는 오랫동안 사람이나 동식물에 기생하거나 독을 만들어 각종 질병을 일으키는 등 큰 피해를 유발한다. 하지만 생태계가 오염되고, 이를 살리기 위해 노력하는 과정에서 박테리아가 새롭게 주목받고 있다. 박테리아는 생태계의 대표적인 분해자이기 때문이다. 박테리아는 가정에서 쓰고 버린 물, 쓰레기, 공장폐수나 폐기물, 농축산 폐기물 등을 분해하여 자연을 정화할 뿐만 아니라 다른 생물들이 다시 이용할 수 있도록 만들어줌으로써 인류에게 큰 이익을 주고 있다.[15)]

15) EBS 흙 제작팀, 흙, 함께 숨 쉬는 생명들의 희로애락, 낮은산, pp.120-127.

3. 흙의 일생

탄생은 바위에서부터

화산의 폭발과 함께 용암이 지구 표면으로 솟아 올라와 식은 것이 바위이다. 그 바위들이 열과 물 그리고 수축과 팽창으로 부서져서 자갈이 된다. 나중에 더 깨져서 모래가 되고, 그게 다시 더 깨져서 흙이 된다. 이처럼 부서지는 과정을 '풍화'라 한다. 바위가 흙으로 풍화되는 과정에 자연스럽게 물과 공기가 끼어들고, 동식물에서 발생한 유기물이 합쳐져 드디어 식물이 자랄 수 있는 진짜 '흙'이 만들어진다[그림 9]. 풍화를 겪어 바위가 흙으로 되기까지에는 참으로 오랜 기간이 걸린다. 바위에서 흙 1밀리미터(mm)가 만들어지는 데 짧게는 140년, 길게는 700년이 걸린다.[16] 풍화는 단순히 바위를 분해하는 것만이 아니라 그로부터 흙을 만들어내는 현상을 포함한다.

흙은 흙 알갱이들이 뭉쳐진 덩어리이다. 흙은 알갱이 크기에 따라 모래, 미사, 점토로 나눈다. 흙은 알갱이 크기가 2밀리미터 이하여야 하고, 이보다 크면 자갈로 친다. 모래(sand)는 2밀리미터에서 0.02밀리미터이고, 미사(가는 모래, 실트(silt))는 0.02밀리미터에서 0.002밀리미터이다. 그보다 작은 알갱이는 점토(clay)이다. 이 세 가지 알갱이의 비율에 따라 식토-식양토-양토-사양토-사토 등 12가지로 구분한다. 이렇게 흙 알갱이에 따라 붙인 이름을 토성(soil texture)이라고 한다. 또한 토성은 최초의 바위를 구성하는 광물의 성분(산성~알칼리성)에도 영향을 받는다.

---

16) 이완주 지음, 2013, 흙 -아는 만큼 베푼다, 도서출판 들녘, pp.20-21.

[그림 9] 풍화작용과 토양생성작용[17)]

모래 알갱이는 물 빠짐이 좋고 경운하기 좋지만, 양분과 물을 간직하는 능력이 적어서 높은 수량을 낼 수 없다. 모래와 점토의 중간 크기인 미사는 양분과 물도 상당히 지닐 수 있고, 쉽게 풍화되면서 양분을 내놓는다. 유럽, 미국, 중국의 곡창지대는 대부분 미사질 토양 특성을 갖고 있다. 점토는 양분이나 물을 지닐 수 있는 성질이 모래나 미사보다 월등하게 커서 좋지만, 배수가 나쁘다는 단점이 있다. 작물은 토성에 따라 잘 성장하기도 하고 그렇지 않기도 하다. 예를 들어 벼는 식질토에서 잘 자라고, 땅콩은 사질토에서 더 잘 자란다.[18)]

우리나라 흙의 반 이상은 용암이 분출되어 식은 화강암과 화강편마암을 모암(母巖)으로 해서 만들어졌고, 강원, 충북과 경북 일부에 석회암이 많이 분포되어 있다. 화강암과 화강편마암은 장석, 운모 등으로 이루어져서 양분이 비교적 적고 양분 보유 능력이 적은 흙에

17) 이경도 외 5인, RDA 인테러뱅 95호 : 생명의 근원, 흙, 농촌진흥청, p.12.
18) Ibid., pp.52-53.

속한다. 이들 화강암 유래 토양은 물리성이 좋으나 규산염 함량이 높고 철분 함량이 많아 산성 토양이다. 더욱이 여름철에 강우량(降雨量)이 집중되어 토양 내에 있는 양분이 유실되기 쉽다. 요약하면 우리나라 토양은 매우 척박하고 생산성이 낮은 토양이다. 다시 말해 농업에서 토지생산성을 높이기 위해서는 유기질 비료나 화학비료를 활용한 양분관리에 유의해야 한다.[19)]

반면에 석회암은 풍화되면 매우 고운 찰흙이 되며, 양분 보유 능력이 화강암 유래 토양보다 4배 정도 높다. 원래부터 칼슘과 마그네슘 함량이 높을 뿐 아니라 입자가 곱고, 같은 부피일 때 석회암은 화강암 유래 토양인 마사토보다 표면적이 넓어 많은 양분을 잘 흡착한다. 강원도 강릉 · 삼척 · 정선 · 평창 · 태백 · 영월과 충북 단양, 경북 문경, 전남 화순 등은 우리나라의 대표적인 석회암 지대이다.

흙의 두께(토심, 土深)는 토양의 양분과 수분을 보유하는 능력을 나타내는 중요한 척도이다. 농업에서 토심은 토지생산성과 밀접한 관계가 있다. 국내 토심은 외국 곡창지대 토심의 1/5~1/10에 불과할 정도로 얇다. 외국의 곡창지대는 토양의 생성연대나 생성방식이 다르고, 오랫동안 자연 초원 상태로 유지되어 유기물 함량도 풍부하다. 미국 중서부의 초원 프레리, 아르헨티나의 팜파스, 헝가리 동부의 푸스타, 우크라이나의 스텝 등이 대표적이고, 토양에 풀이 썩어 합쳐진 흑토가 발달했다[그림 10].

---

19) 현해남, 2022, 흙과 비료 이야기 ① 흙 이야기, 농민신문사, p.29.

[그림 10] 우크라이나 스텝(좌)과 아르헨티나 팜파스(우)

흙의 생성, 그리고 성숙

흙은 환경조건에 따라 특성이 다른 흙이 만들어진다. 흙 생성에 관여하는 인자는 모재(흙 알갱이), 기후(주로 강수와 기온), 지형(경사도, 경사면 및 지형의 위치), 생물(생명체), 시간 등이다. 이를테면 토양은 오랜 시간을 거치고, 지형과 모재에 영향을 끼치는 기후, 그리고 생명체들과 상호작용이 이루어지면서 생성된다. 생성과정에서 이들 5개 인자들 간의 상대적 세기에 따라 다양한 토양이 만들어진다. 최근 중장비에 의한 매립, 절토, 성토 및 과다한 경운과 같은 인위적 행위도 흙 생성 인자에 포함하기도 한다.[20)]

흙의 성숙은 풍화작용을 받아 생성된 토양 모재가 주어진 지형과 균형을 이루려고 연속적인 물질이동이 발생하고, 지형과 균형이 이루어진 토양은 시간과 기후, 식생 등의 영향으로 층위가 분화되어 토양단면이 형성된다[그림 11]. 흙은 자연 상태에서 계속된 풍화작용과 풀, 미생물 등 주변 식생과의 상호작용을 통해 성숙 과정을 거친다.

20) 정덕영, 2012, 토양과 생활, 충남대학교출판문화원, pp.50-51.

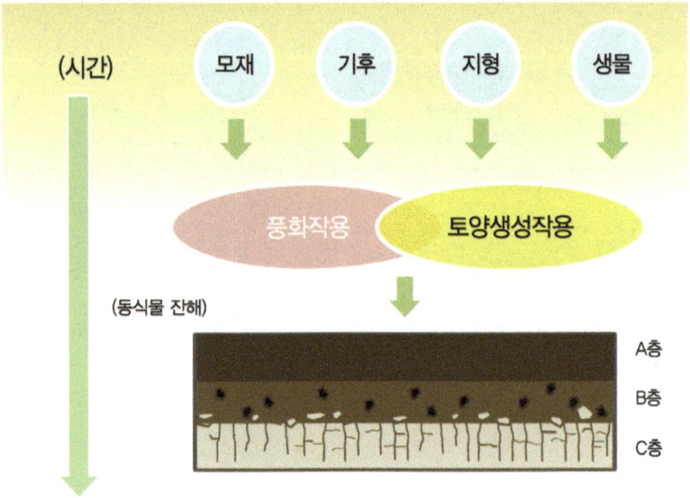

[그림 11] 토양의 생성과 성숙 과정

성숙이 진행되면서 자연스럽게 나이테와 같은 토층이 형성된다. 토양의 모재가 되는 바위에서부터 위로 올라갈수록 알갱이가 작아지면서 나이테와 같이 눈으로도 구분이 가능한 층을 형성한다[그림 12]. 표토에 미생물과 초본류들이 자라기 시작하면 점차 식물 생육에 적합한 토질로 변화되어 큰 초목, 나무들이 자라기 시작한다.

농업이 시작된 이후, 밭이나 논에서 형성된 농업생태계는 숲이나 초원과 같은 자연생태계와 차이가 있다. 숲에서 흙이 산성화되는 현상이 있을지언정 생태계 전체로 보면 양분이 유실되지 않고 순환되는 구조이다. 이에 비해 논과 밭은 계속해서 양분이 유출되므로 지속적인 보충이 필요하다.

토양을 작물생육에 적합하도록 개량하는 과정을 '숙전화(熟田化)'라고 하며, 이는 산지나 간척지를 농지로 개량하는 데 매우 중요한 과정이다. 땅을 개간한 후 자갈을 골라내어 땅을 고르고, 동식물의 사체나 분뇨 같은 유기물을 넣어 땅을 비옥하게 만들어 간다. 즉 숙전화는 단순히 토양을 개량하는 데 그치지 않고, 궁극적으로 농경지의 토지생산성을 향상시키는 과정을 말한다.

인간이 농산물을 소비한다는 것은, 토양 측면에서 볼 때 곡물이 토양에서 흡수한 양분(칼슘, 칼륨 등) 총량이 토양 밖으로 유출된다는 의미이다. 농산물은 밥이나 빵, 채소, 고기로 변신하여 식탁에 오르고, 우리의 피와 살이 되고, 대부분은 배설물로 변화된다. 인간의 배설물을 농경지로 되돌리지 않으면, 논·밭의 흙은 칼슘과 칼륨을 계속해서 잃게 되고, 흙이 점점 산성화되어 간다. 다시 말해 인간이 살아서 활동하는 것은 농경지 흙의 양분을 소진하고, 흙을 산성으로 변화시킨다는 뜻이다.[21)]

습윤지대에서는 양분이 물에 씻겨 내려가는 산성화가 일어나고, 이에 반해 건조지대는 증발과 증산 때문에 물이 사라져 염분의 농도가 높은 지하수가 상승하고 지표면에 염분이 쌓이는데, 이를 염류집적이라 한다. 흙에서 말하는 염분 또는 염기는 나트륨(Na)뿐만 아니라, 칼륨(K), 칼슘(Ca), 마그네슘(Mg) 등 네 가지 성분을 말한다. 이런 성분들은 모두 비료에 들어 있고, 가축분뇨에도 꽤 들어 있다. 농사를 잘 지으려고 비료를 많이 주다 보면 염기가 넘치기 마련이다. 이렇게 염류가 많아지면 마치 소금을 준 것처럼 작물은 염류장해로 죽게 된다.[22)]

21) 후지이 가즈미치 저, 염은혜 역, 2020, 흙의 시간-흙과 생물의 5억 년 투쟁기-, 눌와, pp.153-154.

22) 이완주 지음, 2013, 흙 -아는 만큼 베푼다, 도서출판 들녘, p.88.

오랫동안 습기가 많은 지대에서는 논농사나 화전농업[23]이 발달했고, 건조지대에서는 관개농업이 발달했다. 화전농업은 농업이 시작된 이후로 활용되어 온 효과적인 방법의 하나였고, 오늘날에도 열대지역에서 수백만 명의 농부들이 사용하고 있다. 이 방법은 작물이 토양에서 흡수한 질소와 인 등 주요 양분들의 재순환 속도를 높여서 토양에 생긴 문제를 해결해 왔다. 우리나라 논 토양은 주로 퇴적물로 이루어져 있으며, 모래, 미사, 점토 등의 조성비는 지역에 따라 다르고 다양한 분포를 하고 있다. 토양의 비옥도가 높은 논은 전체 논 토양의 1/3에 불과하고, 나머지는 대부분 지력이 약한 사질논과 미숙논으로 구성되어 있다[그림 12].

사질논	보통논	화산회밭	염해논	습논	미숙논
점토 함량이 적어 수분·양분을 지니는 힘이 약한 논	토지생산력이 매우 높고 벼 재배에 적합한 논	화산회에서 유래된 토양으로 유기물 함량이 높은 밭	염해가 우려되는 간척지 토양으로 된 논	지하수위가 높아 물이 솟아 습해가 우려되는 논	경작 연수가 짧아 토층 분화가 덜 된 미숙한 논

출처 : 농촌진흥청 농업과학관

[그림 12] 우리나라 논을 이루는 토양

23) 화전농업 : 나무 등 숲을 잘라서 바짝 말린 후 불로 태워서 만든 재를 비료로 활용하는 농업으로, 재는 칼슘이나 칼륨 등의 알칼리 성분을 함유하고 있으므로 흙의 산성 물질을 중화하는 중화제 역할을 함.

토양의 병, 토양 오염

토양 오염은 인간의 삶과 농업생산 활동에서 사용한 각종 농자재에 포함된 물질로 인해 발생한다. 즉 화학비료, 농약, 산업 폐기물 등이 토양 오염을 유발하고, 이러한 오염물질은 토양의 물리적, 화학적, 생물학적 특성을 변화시킬 뿐 아니라 토양 생태계 파괴를 초래한다.

질소비료에는 인구 증가를 가능하게 한 '빛'과 환경 오염 문제를 일으키는 '그림자'가 공존한다. 질소비료의 이용효율은 수십 퍼센트에 불과하다. 농경지에 뿌린 질소비료의 대부분은 대기로 돌아가지만, 일부는 논·밭에 잔류하여 흙의 산성화나 수질오염 등 환경 문제를 초래한다. 농경지에서 질소 과부하(過負荷, 적정량을 초과한 상태)는 질소의 형태 변화(질산이온, NO_3^-)를 통해 토양의 산성화를 가속하는 동시에 토양의 화학적·물리적 성질을 악화시킨다.

우리나라 농업은 그동안 좁은 국토에서 많은 인구를 부양하기 위해 화학비료 사용에 많이 의존하여 토지생산성을 높여왔다. 그 결과 OECD국가 중에서 흙 속에 과잉의 질소가 가장 많은 국가로 지목받고 있다. 즉 우리나라는 1헥타르에 240킬로그램을 살포하여 가장 적게 사용하는 호주 17킬로그램에 비해 14배나 많다. 이는 농민들이 화학비료와 가축분뇨를 너무 많이 주기 때문이다.[24] 오랜 기간에 걸쳐 과다한 비료 살포와 부족한 유기질 투입 등 토양관리 미숙으로 논·밭의 지력(땅심)이 쇠약해지고 있다.

---

24) 이완주 지음, 2013, 흙 -아는 만큼 베푼다, 도서출판 들녘, p.164.

오늘날 밭에 뿌려지는 질소 중에서 약 절반만이 농작물에 흡수된다. 다시 말해 질소비료의 약 절반은 냇물과 강으로 씻겨 내려가므로 그냥 버려지는 셈이다. 하나의 사례로서, 미국 물길 오염의 약 70퍼센트는 버려지는 비료와 농약에서 비롯된다. 경작지에서 흘러나온 영양물질이 미국 전체 지표수의 37퍼센트를 오염시킨다. 이 물은 사람이 먹을 수 없고 물고기도 살 수 없고, 질소는 미시시피강과 멕시코 만을 죽이고 있다. 또한 라인강 · 황허강 · 양쯔강을 빠르게 오염시키는 중이다.[25)]

농작물 보호와 병해충 제어를 위해 농약 살포가 일상적으로 행하여지고 있다. 토양에 뿌려지는 살충제에 관해 기억해야 할 것은, 그 독성이 몇 달 또는 심지어 몇 년까지도 지속된다는 사실이다. 예를 들어, 흰개미를 없애기 위해 사용한 톡사펜 성분은 살포 후 10년이 지나서도 토양에서 검출된 적도 있다. 클로르데인은 살포된 지 12년이 지나도 살포량의 약 15퍼센트가 토양에 남아 있다. 살충제를 아주 조금 사용한다고 해도 몇 년간 반복되면 엄청난 양이 계속 축적된다. 또 다른 문제는 식물 조직이 오염된 토양에서 흡수한 살충제의 양이 얼마나 되는지에 대해서도 신경을 써야 한다. 그 양은 토양과 작물의 특성, 사용된 살충제의 특징과 농축 정도에 따라 각기 다르다. 앞으로는 농작물을 심기 전에 살충제 사용을 위한 토양 분석이 필요할 것이다.[26)]

이 밖에 인구 증가와 도시 확대, 쓰레기, 산업폐수 등의 각종 폐기

25) 에번 D.G. 프레이저 · 앤드루 리마스 지음, 유영훈 옮김, 2012, 음식의 제국, ㈜알에이치코리아, p.233.
26) 레이첼 카슨 지음, 김은령 옮김, 2020, 침묵의 봄, 에코리브르, pp.81-84.

물 증가로 인해 토양 오염이 날로 심각해지고 있다. 토양 오염 예방을 위해서는, 비료 · 농약 · 에너지를 대량 투입하여 생산성을 높이는 관행 농업에서 벗어나 적정량을 투입하여 환경 오염을 줄이면서 생산성을 높이는 정밀농업 · 친환경농업을 촉진하고, 폐기물 처리 및 농약사용에 대한 규제, 토양 보존과 복원 등이 지속적으로 추진되어야 한다.

생명력을 잃어가는 토양

토양이 죽어 간다고 한다. 토양이 쉽게 죽거나 하는 사물이었다면, 그동안 지구에서 일어났던 많은 변화와 함께 토양은 오래전에 사라졌을 것이고, 인간과 동 · 식물은 더이상 지구상에 존재하지 않았을 것이다. 빙하기를 거치면서 많은 생물이 지구상에서 멸종되었지만, 토양은 죽지 않았다. 큰불이 나도, 전장에서 포탄을 맞아도, 토양은 여전히 남아 있다. 이런 토양에도 영양분을 공급해 주면, 토양은 다시 인간이 필요로 하는 먹을거리를 제공한다. 생물은 죽으나 토양은 죽은 게 아니다. 땅에 사는 무수히 많은 생물의 죽은 몸이 토양으로 들어가 썩을지언정 토양은 썩지 않는다. 그러나 이러한 다양한 자연의 변화나 인간의 잘못된 토양 이용이 그 성질을 변하게 한다.[27]

황사가 시작되는 중국 황하 유역, 몽골 지역 등은 과도한 방목과 토양관리 소홀로 인해 식물이 사라지고 바람에 의해 흙먼지가 되어 우리나라에까지 피해를 주고 있다. 산성비뿐만 아니라 화학비료나

27) 정덕영, 2012, 토양과 생활, 충남대학교출판문화원, pp.35-36.

자동차 매연 같은 공해물질 때문에 토양이 산성화되어 간다. 식생이 덮여 있지 않은 토양에 비가 내리면 흙탕물과 함께 영양분을 하천이나 호수, 강으로 흘려보내 토사가 퇴적되고 부영양화[28]를 일으켜 수질을 악화시킨다. 산성비에 섞여 있던 중금속은 바다로 흘러 들어가고, 비옥한 흙을 잃은 곳의 식물은 제대로 자라지 못한다. 또한 낙엽이나 죽은 동물이 영양분으로 분해되지 못해 굶어 죽는 생물들도 늘어나고 있다.[29]

토양관리의 잘못된 사례인 몽골과 중국 서부지역의 사막화는 토지를 혹사한 것에 기인한다. 유목민들은 생계를 위해 가축 사육두수를 늘리는 반면에, 기후변화로 인해 초지 면적이 오히려 줄어들면서 가축들이 풀뿌리까지 캐 먹어 초지가 나지(裸地)로 변하고, 이런 상태에서 오랜 기간 바람과 고온에 노출된 것이 한 원인이다. 미국에서는 서부로 이주하여 대초원의 초지에서 농사를 지으면서 표층토가 유실되기 시작하였다. 더욱이 1930년대에 기록적인 가뭄과 강력한 모래바람으로 큰 피해를 초래하였고, 이는 땅의 생산력을 회복하기 위해 토양보전법을 제정하는 계기가 되었다.

잦은 기상이변, 빠른 도시화와 난개발, 오염물 배출량의 증가 등으로 인한 토양의 유실과 퇴화에 대한 우려가 커지고 있다. 이러한 토양침식과 퇴화가 지속되면, 표토를 이용할 수 있는 기간도 단축된다. 양분이 흙에 필요 이상으로 쌓여 있는 염류토양이나 기준치보다 적

---

28) 부영양화(富榮養化) : 하천이나 호수 등 수계에 영양물질 특히 유기물, 질소, 인 등의 농도가 높아진 상태. 수계에 영양물질이 대량으로 배출되면 자정 능력을 초과하게 되고, 조류 등이 과다하게 번식하여 수질을 악화시키는 상태가 됨(농업용어사전, 농촌진흥청).

29) EBS 흙 제작팀, 2008, 함께 숨 쉬는 생명들의 희로애락 흙, 낮은산, pp.26-36.

게 함유된 척박한 토양은 농경지로서의 가치가 저하된다. 더욱이 비료, 농약 등 화학물질들이 토양에서 분해되지 않고 장기간 남아서 토양미생물을 죽이고, 결과적으로 흙의 기능을 잃게 만든다.

토양침식은 물, 바람, 눈, 중력에 의하여 흙이 이동하는 현상이다. 양분과 미생물을 많이 포함한 표토의 유실은 흙의 생명력을 잃게 하는 중요한 원인이다. 지표면의 고운 흙 1밀리미터가 만들어지기까지 100년 이상 걸린다. 만약 장마 때 빗물로 인해 표토 1센티미터가 깎여 나간다면, 1천 년 동안 만들어진 흙이 단 1년 동안에 사라지는 셈이다. 동시에 상당한 양분도 함께 씻겨 내려간다. 여름철 강우가 집중되는 우리나라에서는 경사가 급한 지역을 중심으로 산사태가 발생하고, 평야지에 흙탕물이 하천으로 흘러든다. 그런가 하면 봄철 대규모 간척지에서는 흙먼지도 발생한다. 토양 표면이 흙탕물과 흙먼지로 유실되면, 토양 내부의 유용한 양분과 비료 성분이 손실되어 농업적으로는 작물 생산력, 즉 토지생산성을 떨어뜨린다. 이를 보충하기 위해 비료 투입량을 늘리면 하천과 호소(湖沼), 바다의 부영양화를 촉진하고, 또한 강한 바람에 의한 흙먼지는 대기질 악화와 같은 문제를 일으킨다.

농경지 표토가 유실되지 않도록 하는 것은 토양의 건강을 유지하는 데 필수적이다. 경사지에서 강우로 인한 토양유실을 막기 위해 등고선을 따라 작물이나 목초를 심는 초생대(草生帶) 설치가 현장에 적용되고 있다. 이는 물의 흐름을 느리게 하고, 식물 뿌리가 흙을 잡아주어 유실되는 흙의 양을 크게 줄여주는 효과가 있다[그림 13]. 겨울철 휴경지에 땅 표면을 덮는 작물(피복작물로 불림)을 재배하여 바람에 표토가 날아가지 않도록 하는 것도 토양유실 방지에 도움이 된다.

[그림 13] **집중호우로 인한 농경지 토양유실(좌), 토양유실 방지를 위한 고랭지 채소의 등고선재배(우)**

흙의 건강을 유지하려면

흙의 건강한 정도를 농업에서는 '토양 비옥도(soil fertility)'라 한다. 토양 비옥도는 흙이 얼마나 비옥한가, 양분을 얼마나 지니고 있는가를 따지는 척도이고, 땅심이라고 부른다. 화학비료를 주지 않아도 상당히 소출을 낼 경우, 흙은 땅심이 높다고 한다. 흙의 건강을 유지하기 위해서는 흙을 구성하는 입자들이 만드는 구조와 토양 내 유기물과의 조화가 관건이다. 사람의 뼈와 근육에 해당하는 흙 입자들이 만드는 구조는 공기를 잘 통하게 하고 수분을 보유하는 능력에 관여한다. 토양 내 공기와 수분 보유 능력은 작물 뿌리뿐만 아니라 미생물, 지렁이 등 토양을 개량하는 생물의 서식에도 영향을 미친다.

사람의 체질에 비유되는 흙의 성질은 모재의 성격과 토양 내의 유기물 함량에 크게 영향을 받는다. 모재 또는 모암의 성질에 따라 광물질의 종류와 함량이 결정되고, 유기질의 함량에 따라 양분·수분의 보유 및 제공 능력이 결정된다. 토양유기물은 토양에 비해 양분 보유 능력(양이온 치환 능력)이 평균 25배 정도 높으며, 흙 입자를 붙이는 접착제 역할로 우수한 떼알구조를 형성한다. 산성화된 토양에 석회를 살포하여 토양을 중성화시키는데, 이는 거의 모든 작물이 산도(pH) 7.0 정도의 중성에서 잘 자라기 때문이다. 석회의 주성분인 칼슘은 토양의 양분 보유 능력을 증가시키는 역할을 한다.

퇴비, 두엄 등의 유기질 비료를 공급하는 땅심 기르기는 우리 조상들이 5천 년부터 해오던 농사의 기본이었다. 화학비료의 등장으로 많이 위축되었다가 근래 들어 토양유기물의 다양한 장점이 주목받고 있다. 가축분 퇴비가 대부분이고, 일부의 지렁이 분변토나 낙엽과 산야초로 만든 퇴비가 이용되고 있다. 최근 주목받고 있는 녹비(綠肥) 작물[30]은 기존 볏짚이 가진 물리성 개량 효과 이외에도 질소비료 대체효과가 있다.

농경지 흙은 작물 재배과정이나 기상 여건에 따라 흙 상태가 계속해서 변화한다. 따라서 흙도 사람과 마찬가지로 건강진단, 즉 '토양검정(檢定)'을 받아야 한다. 토양 검정 또는 토양진단에는 두 가지가 있다. 하나는 흙이 작물을 재배하기 적당한 상태를 유지하기 위해 정

30) 녹비(green manure)는 우리말로 풋거름이라 불림. 녹비 작물은 녹비로 쓰이는 식물을 말하고, 줄기나 잎을 농경지에 갈이 흙과 함께 넣어줄 경우, 땅속에서 서서히 분해하면서 작물에 영양분을 공급해 줌으로써 화학비료 대체 기능을 갖는 식물임.

기적으로 하는 '정기진단'이다. 다른 하나는 작물에 탈이 났을 때, 그 원인을 조사하여 대책을 마련하기 위해 수행하는 '수시진단'이다. 진단 기준에도 여러 가지가 있다. 배수가 잘되는지, 토심이 깊은지 등을 따지는 물리성 진단이 있고, 산도(pH)나 전기전도도(EC), 질소, 인산, 칼륨 등을 분석하는 화학성 진단이 있다. 흙에서 가장 중요한 정보는 산도이다. 산도가 알맞지 않으면 양분들이 도망가거나 고정을 일으켜 작물을 이용할 수 없게 된다. 현재 전국 농업기술센터에서는 무료로 토양을 분석하고 시비(施肥, 거름을 주는 일) 처방을 해주고 있다.[31)]

건강한 흙을 만들기 위해서는 토양의 물리성과 화학성이 잘 유지되도록 관리해야 한다. 심토를 파서 표토와 섞는 것은 표면에 집중된 양분을 골고루 땅속에 집어넣는 효과가 있고, 흙덩어리를 부수는 것은 통기성을 개선한다. 대형 농기계의 농경지, 잦은 주행에 따른 흙 다짐과 같은 토양의 물리성 악화를 개선하기 위해 주기적으로 심토를 파쇄해 주어야 한다. 그리고 겉흙이 빗물에 손실되지 않도록 하면서, 유기물과 석회를 주고, 땅을 놀리는 동안 녹비 작물을 가꿔서 흙에 되돌려주어야 한다.

---

31) 이완주 지음, 2013, 흙 -아는 만큼 베푼다, 도서출판 들녘, pp.47-48.

참/고/문/헌

1. 김용옥, 2013, 노자와 21세기(1), 통나무, pp.238-239.
2. 나일 C. 브래디 · 레일 R. 웨일, 김수정 등 역, 토양학, 교보문고, pp.1-10, 39.
3. 레이첼 카슨 저, 김은령 옮김, 침묵의 봄, 에코리브르, pp.78-79, 81-84.
4. 에번 D.G. 프레이저 · 앤드루 리마스 지음, 유영훈 옮김, 2012, 음식의 제국, (주)알에이치코리아, p.233.
5. 이경도 외 5인, RDA 인테러뱅 95호 : 생명의 근원, 흙, 농촌진흥청.
6. 이덕배, 2015, 흙을 가꾸는 마음 : 농사직설에서 흙토람까지 토양비료 여정, 문운당, pp.303-309.
7. 이완주 지음, 2013, 흙 아는 만큼 베푼다, 도서출판 들녘, pp.20-21, 47-48, 88, 164.
8. 정더영, 2012, 토양과 생활, 충남대학교출판문화원, pp.35-36, 50-51.
9. 현병근 · 이덕배, 2015, 해외 농업 · 농정 포커스 : FAO의 세계토양정보 구축과 대응, 한국농촌경제연구원 세계농업 제175호
10. 후지이 가즈미치 저, 염은혜 역, 2020, 흙의 시간 -흙과 생물의 5억 년 투쟁기-, 눌와, pp.11-15, 153-154.
11. EBS 흙 제작팀, 2008, 함께 숨 쉬는 생명들의 희로애락 흙, 낮은산, pp.26-36, 120-127.

지 · 속 · 가 · 능 · 한 · 농 · 업

연습문제와 토론사항

1. 다음 용어를 설명하시오.
   - 부식(humus)
   - 풍화
   - 토성
   - 방선균
   - 부영양화

2. 지구의 흙이 화성과 금성 같은 행성의 흙과 다른 점을 설명하시오.

3. 지구생태계를 고려할 때, 토양이 갖는 6가지 핵심적 역할을 설명하시오.

4. 흙은 가장 오래된 건축재료이다. 콘크리트 건축에 비해 흙집이 가지는 장점을 설명하시오.

5. 용암으로부터 흙의 생성 과정과 흙 생성에 관여하는 인자를 설명하시오.

6. 우리나라 논의 공익적 가치 중에서 홍수조절, 기후순화, 수질정화 기능에 대하여 설명하시오.

7. 흙 속에 있는 박테리아의 역할을 생태계 측면에서 설명하시오.

8. 우리나라 토양이 외국 곡창지대에 비해 척박하고 토지생산성이 낮은 이유를 설명하시오.

9. 농경지 표토가 중요한 이유는? 토양 침식이나 유실을 방지하기 위한 방안에 대하여 설명하시오.

10. 생명의 근원, 흙을 건강하게 유지하기 위한 방안을 국가, 기관, 개인으로 구분하여 토론하시오.

저자 약력

최규홍

성균관대학교를 졸업하고, 서울대학교 대학원에서 농공학을 전공하여 석사와 박사학위를 취득하였다. 농촌진흥청에서 32년간 연구원으로 근무하면서 농업기계와 농산물 수확 후 관리분야를 연구했고, 국립농업과학원 농업공학부의 기초기술기계과장, 농산가공기계과장, 농업재해예방공학과장, 생산자동화기계과장, 농업공학부장(고위공무원)을 역임했다. 재임 중에 미국 클렘슨대학교에서 박사 후 연구과정, 미국 농업연구청(ARS) 방문 연구원, 유엔 아태경제사회이사회(UN ESCAP) 농공전문가, 전북대학교 초빙교수를 거쳐, 현재 전주대학교 농생명융합기술원장과 농생명ICT학과 교수로 근무하고 있다.

저자와의
합의하에
인지첩부
생략

지속 가능한 농업

2023년 9월 1일 초판 1쇄 발행
2024년 4월 30일 초판 3쇄 발행

지은이 최규홍
펴낸이 진욱상
펴낸곳 (주)백산출판사
교 정 성인숙
본문디자인 구효숙
표지디자인 오정은

등 록 2017년 5월 29일 제406-2017-000058호
주 소 경기도 파주시 회동길 370(백산빌딩 3층)
전 화 02-914-1621(代)
팩 스 031-955-9911
이메일 edit@ibaeksan.kr
홈페이지 www.ibaeksan.kr

ISBN 979-11-6567-697-1 93520
값 22,000원